上岗轻松学

数码维修工程师鉴定指导中心 组织编写

图解 洗衣机维修

快速入门

（视频版）

主 编　韩雪涛
副主编　吴 瑛　韩广兴

扫描书中的"二维码"
开启全新微视频学习模式

扫一扫

机械工业出版社

本书完全遵循国家职业技能标准并按洗衣机维修领域的实际岗位需求,在内容编排上充分考虑洗衣机维修的特点,按照学习习惯和难易程度划分为10章,即波轮式洗衣机的结构和工作原理、滚筒式洗衣机的结构和工作原理、洗衣机的拆卸、洗衣机的故障特点和检修流程、洗衣机进水系统的检修、洗衣机洗涤系统的检修、洗衣机排水系统的检修、洗衣机支撑减振系统的检修、洗衣机门开关系统的检修和洗衣机控制电路的检修。

　　学习者可以看着学、看着做、跟着练,通过"图文互动"的模式,轻松、快速地掌握洗衣机维修技能。

　　书中大量的演示图解、操作案例以及实用数据可以供学习者在日后的工作中方便、快捷地查询使用。

　　本书还采用了微视频讲解的全新教学模式,在重要知识点相关图文的旁边添加了二维码。读者只要用手机扫描书中相关知识点的二维码,即可在手机上实时浏览对应的教学视频。视频内容与本书涉及的知识完全匹配,复杂难懂的图文知识通过相关专家的语言讲解,可帮助学习者轻松领会,同时还可以极大地缓解阅读疲劳。

　　本书是学习洗衣机维修的必备用书,也可作为相关机构的洗衣机维修培训教材,还可供从事洗衣机维修工作的专业技术人员使用。

图书在版编目(CIP)数据

图解洗衣机维修快速入门:视频版 / 韩雪涛主编;
数码维修工程师鉴定指导中心组织编写. — 北京:机械
工业出版社,2018.8(2022.10重印)
(上岗轻松学)
ISBN 978-7-111-60493-8

Ⅰ. ①图⋯ Ⅱ. ①韩⋯ ②数⋯ Ⅲ. ①洗衣机—维修
—图解 Ⅳ.①TM925. 330. 7-64

中国版本图书馆CIP数据核字(2018)第160131号

机械工业出版社(北京市百万庄大街22号 邮政编码100037)
策划编辑:陈玉芝 王博 责任编辑:王博
责任校对:潘 蕊 责任印制:张博
三河市国英印务有限公司印刷
2022年10月第1版第5次印刷
184mm×260mm · 10印张 · 228千字
标准书号:ISBN 978-7-111-60493-8
定价:49.80元

编委会

主　编　韩雪涛

副主编　吴　瑛　韩广兴

参　编　张丽梅　马梦霞　韩雪冬　张湘萍

　　　　朱　勇　吴惠英　高瑞征　周文静

　　　　王新霞　吴鹏飞　张义伟　唐秀鸯

　　　　宋明芳　吴　玮

前　言

　　洗衣机维修技能是家电维修工必不可少的一项专业、基础、实用技能，该项技能的岗位需求非常广泛。随着技术的飞速发展以及市场竞争的日益加剧，越来越多的人认识到实用技能的重要性，洗衣机维修技能的学习和培训也逐渐从知识层面延伸到技能层面。学习者更加注重洗衣机维修技能能够用在哪儿，应用洗衣机维修技能可以做什么。然而，目前市场上很多相关的图书仍延续传统的编写模式，不仅严重影响了学习的时效性，而且在实用性上也大打折扣。

　　针对这种情况，为使洗衣机维修工快速掌握技能，及时应对岗位的发展需求，我们对洗衣机维修技能的相关内容进行了全新的梳理和整合，结合岗位培训的特色，根据国家职业技能标准组织编写构架，引入多媒体出版特色，力求打造出具有全新学习理念的洗衣机维修入门图书。

在编写理念方面

　　本书将国家职业技能标准与行业培训特色相融合，以市场需求为导向，以直接指导就业作为编写目标，注重实用性和知识性的融合，将学习技能作为图书的核心思想。书中的知识内容完全为技能服务，知识内容以实用、够用为主。全书突出操作、强化训练，让学习者在阅读本书时不是在单纯地学习内容，而是在练习技能。

在内容结构方面

　　本书在结构的编排上，充分考虑当前市场的需求和读者的情况，结合实际岗位培训的经验进行全新的章节设置；内容的选取以实用为原则，案例的选择严格按照上岗从业的需求展开，确保内容符合实际工作的需要；知识性内容在注重系统性的同时以够用为原则，明确知识为技能服务的宗旨，确保本书的内容符合市场需要，具备很强的实用性。

在编写形式方面

　　本书突破传统图书的编排和表述方式，引入了多媒体表现手法，采用双色图解的方式向学习者演示洗衣机维修的知识和技能，将传统意义上的以"读"为主变成以"看"为主，力求用生动的图例演示取代枯燥的文字叙述，使学习者通过二维平面图、三维结构图、演示操作图、实物效果图等多种图解方式直观地获取实用技能中的关键环节和知识要点。

　　其次，本书还开创了数字媒体与传统纸质载体交互的全新教学方式。学习者可以通过手机扫描书中的二维码，实时浏览对应知识点的数字媒体资源。数字媒体资源与本书的图文资源相互衔接，相互补充，可充分调动学习者的主观能动性，确保学习者在短时间内获得最佳的学习效果。

在专业能力方面

　　本书编委会由行业专家、高级技师、资深多媒体工程师和一线教师组成，编委会成员除具备丰富的专业知识外，还具备丰富的教学实践经验和图书编写经验。

　　为确保本书的行业导向和专业品质，特聘请原信息产业部职业技能鉴定指导中心资深专家韩广兴亲自指导，充分以市场需求和社会就业需求为导向，确保本书内容符合职业技能鉴定标准，达到规范性就业的目的。

　　本书由韩雪涛任主编，吴瑛、韩广兴任副主编，张丽梅、马梦霞、朱勇、唐秀鸯、韩雪冬、张湘萍、吴惠英、高瑞征、周文静、王新霞、吴鹏飞、宋明芳、吴玮、张义伟参加编写。

　　读者通过学习与实践还可参加相关资质的国家职业资格或工程师资格认证，获得相应等级的国家职业资格证书或数码维修工程师资格证书。如果读者在学习和考核认证方面有什么问题，可通过以下方式与我们联系。

数码维修工程师鉴定指导中心
网址：http://www.chinadse.org
联系电话：022-83718162/83715667/13114807267
E-MAIL:chinadse@163.com
地址：天津市南开区榕苑路4号天发科技园8-1-401 邮编：300384

　　希望本书的出版能够帮助读者快速掌握洗衣机维修技能，同时欢迎广大读者给我们提出宝贵的建议！如书中存在问题，可发邮件至cyztian@126.com与编辑联系！

编　者

目 录

第1章
波轮式洗衣机的结构和工作原理

1.1 波轮式洗衣机的结构

波轮式洗衣机是由电动机通过传动机构带动波轮做正向和反向旋转（或单向连续转动），利用水流与洗涤物的摩擦和冲刷作用进行洗涤的。

1.1.1 波轮式洗衣机的整机结构

波轮式洗衣机的基本功能是洗涤和脱水，因此传统的波轮式洗衣机设有洗衣桶和脱水桶。随着洗衣机技术水平的提升，现代流行的洗衣机已经将洗衣桶和脱水桶进行了功能合并，将脱水桶套装在洗衣桶（盛水桶）内，称为套桶洗衣机。

【波轮式洗衣机的整机结构】

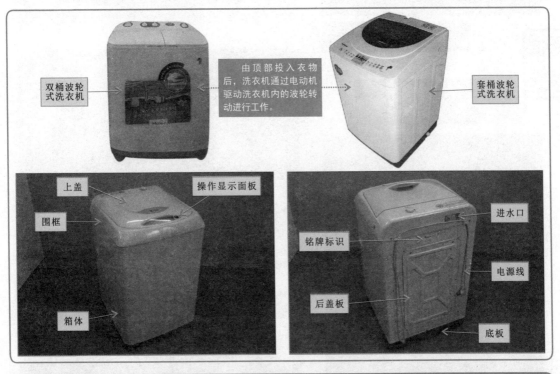

双桶波轮式洗衣机

由顶部投入衣物后，洗衣机通过电动机驱动洗衣机内的波轮转动进行工作。

套桶波轮式洗衣机

上盖　操作显示面板

围框

箱体

进水口

铭牌标识

电源线

后盖板

底板

特别提醒

套桶洗衣机的脱水桶套装在洗涤桶（盛水桶）内，通过离合器调节转轴，带动波轮或脱水桶旋转。

脱水桶

套桶

盛水桶

波轮式洗衣机的进水系统及门开关系统安装在围框中。洗涤系统与洗衣桶安装在一起，通过安装在洗衣机底部的电动机和离合器驱动，在支撑减振系统和排水系统的配合下完成洗衣、脱水等工作。

【波轮式洗衣机的内部结构】

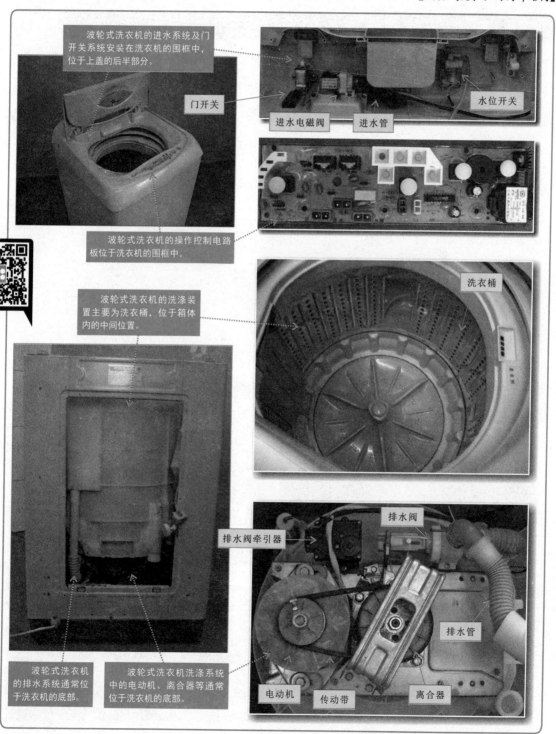

波轮式洗衣机的进水系统及门开关系统安装在洗衣机的围框中，位于上盖的后半部分。

门开关

进水电磁阀　进水管

水位开关

波轮式洗衣机的操作控制电路板位于洗衣机的围框中。

波轮式洗衣机的洗涤装置主要为洗衣桶，位于箱体内的中间位置。

洗衣桶

排水阀牵引器

排水阀

排水管

波轮式洗衣机的排水系统通常位于洗衣机的底部。

波轮式洗衣机洗涤系统中的电动机、离合器等通常位于洗衣机的底部。

电动机　传动带　离合器

波轮式洗衣机的电路部分是整机的控制中心。洗衣机中的电动机、进水电磁阀、水位开关、排水阀牵引器等电气部件通过连接线与电路部分进行连接，并在该电路的控制下，完成各项洗衣工作。

【波轮式洗衣机的电路系统】

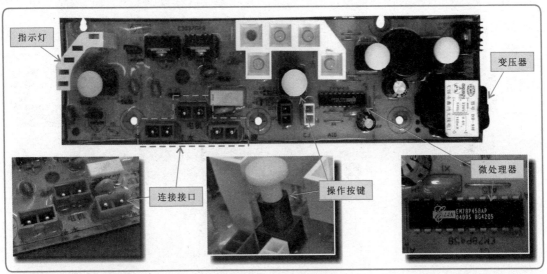

指示灯 变压器 微处理器 连接接口 操作按键

特别提醒

洗衣机内的电路系统通常可以分为两种：一种由操作控制面板控制，另一种由机械式操作控制器控制。

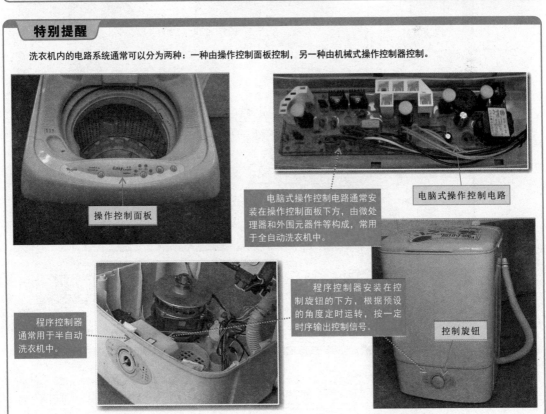

操作控制面板

电脑式操作控制电路通常安装在操作控制面板下方，由微处理器和外围元器件等构成，常用于全自动洗衣机中。

电脑式操作控制电路

程序控制器通常用于半自动洗衣机中。

程序控制器安装在控制旋钮的下方，根据预设的角度定时运转，按一定时序输出控制信号。

控制旋钮

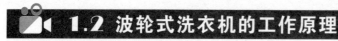

1.2.1 波轮式洗衣机的洗涤原理

波轮式洗衣机通过波轮转动的洗涤方式，利用水流与洗涤物的摩擦和冲刷作用来完成洗涤。其中，波轮的转动是由传动机构带动波轮做正向和反向旋转来完成的。

【波轮式洗衣机的整机洗涤原理】

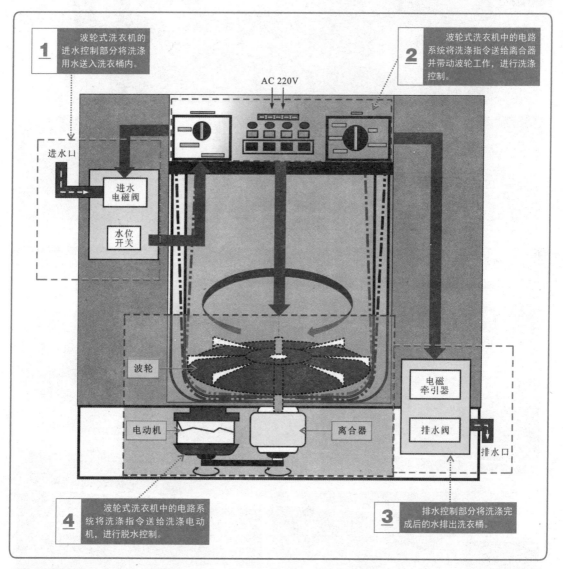

1 波轮式洗衣机的进水控制部分将洗涤用水送入洗衣桶内。

2 波轮式洗衣机中的电路系统将洗涤指令送给离合器并带动波轮工作，进行洗涤控制。

AC 220V

进水口

进水电磁阀

水位开关

波轮

电磁牵引器

排水阀

排水口

电动机

离合器

4 波轮式洗衣机中的电路系统将洗涤指令送给洗涤电动机，进行脱水控制。

3 排水控制部分将洗涤完成后的水排出洗衣桶。

> **特别提醒**
>
> 通电时，进水电磁阀开启注水，水位开关与进水电磁阀配合工作，保证水位到达指定位置；同时电路系统控制洗涤状态，添加洗涤剂、柔顺剂等。在洗衣桶注水水位达到要求后，洗涤电动机电路自动接通，电动机的动力传递给波轮对洗衣桶内的衣物进行洗涤。当排水程序开始时，电磁牵引器拉开排水阀中的阀门，洗涤后的污水因阀门开放而排到洗衣机外。

　　洗衣机的电路与各部件协同工作，完成对衣物等的浸泡、清洗和脱水操作，这是一个较为复杂的过程。为了便于理解波轮式洗衣机的整机控制过程，通常将其工作过程划分为4个阶段，即进水控制、洗涤控制、排水控制、脱水控制。

【波轮式洗衣机的整机控制关系】

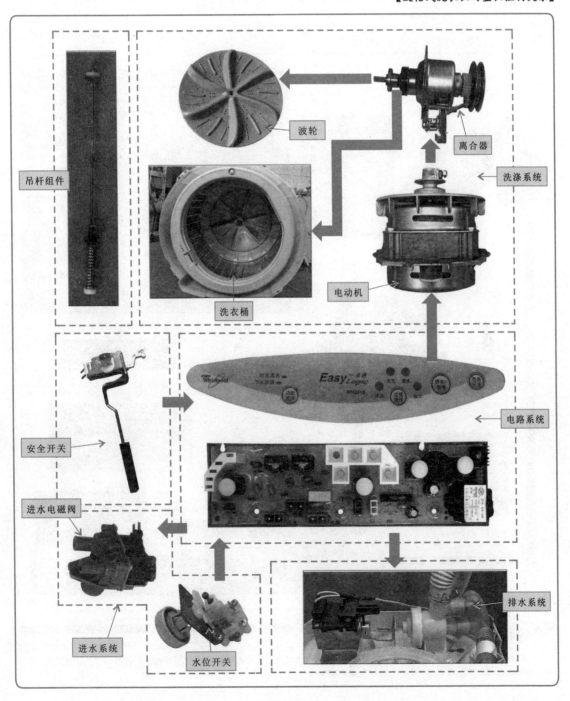

吊杆组件

波轮

离合器

洗涤系统

洗衣桶

电动机

Easy Logic

电路系统

安全开关

进水电磁阀

进水系统

水位开关

排水系统

1. 波轮式洗衣机的进水控制过程

　　给波轮式洗衣机通电后，将上盖关闭，然后通过电路部分中的操作控制面板输入洗涤方式、启动洗涤程序等人工控制指令，控制电路输出控制进水系统的指令，此时进水系统中的进水电磁阀开启并注水。洗衣桶内的水位由水位开关检出，通过水位开关内触点的转换使控制电路控制进水电磁阀断电，停止进水工作。

【波轮式洗衣机的进水控制过程】

水位开关

水位开关对洗衣桶内的水位进行监控，在水位达到设置值后，水位开关内部触点动作，并将该信号送回电路部分，由电路部分控制进水电磁阀断电，停止进水操作。

进水系统的位置

电路系统的位置

进水电磁阀

通过电路部分控制波轮式洗衣机的进水过程。

波轮式洗衣机在进水工作时，先由电路部分控制进水电磁阀进水，然后由水位开关将水位信号传送给电路部分，再由电路部分控制进水电磁阀关闭，完成进水操作。

波轮式洗衣机通电后，在洗涤前电路系统将为进水电磁阀传送进水控制指令，此时进水电磁阀开启并为洗衣桶注水。

电路系统

特别提醒

　　波轮式洗衣机中的进水控制过程主要是由电路部分控制的，如进水系统中的进水电磁阀主要受电路部分控制，只有当电路部分正常输出进水控制指令时，电磁阀才可以开启并进行进水操作。

2. 波轮式洗衣机的洗涤控制过程

在进水电磁阀停止进水后，控制电路接通波轮式洗衣机的洗涤电动机，洗涤电动机运转后通过机械传动系统将动力传递给波轮，对洗衣桶内的衣物进行洗涤。洗涤时，电动机运转，通过减速离合器降低转速，并带动波轮间歇正、反转，进行衣物的洗涤操作。在洗涤过程中，洗衣桶不停地转动，波轮旋转，带动衣物产生离心力。另外，在洗涤过程中洗衣桶会前后、左右移动，此时，可以通过支撑减振系统中的吊杆组件使洗衣桶在工作过程中保持平衡。

【波轮式洗衣机的洗涤控制过程】

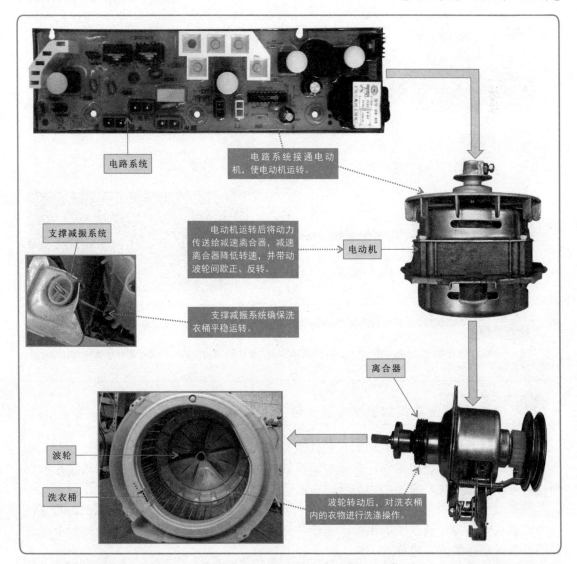

电路系统

电路系统接通电动机，使电动机运转。

支撑减振系统

电动机运转后将动力传送给减速离合器，减速离合器降低转速，并带动波轮间歇正、反转。

电动机

支撑减振系统确保洗衣桶平稳运转。

离合器

波轮

洗衣桶

波轮转动后，对洗衣桶内的衣物进行洗涤操作。

特别提醒

波轮式洗衣机中的洗涤工作均是由电路部分进行控制的。电路部分将供电电压送到洗涤电动机中，并由洗涤电动机带动波轮旋转，使洗衣机能够对桶内的衣物进行清洗。

3.波轮式洗衣机的排水控制过程

　　洗涤结束后，需要进行排水操作。在排水程序开始时，排水电磁阀由于线圈通电而吸合衔铁，衔铁通过排水阀杆拉开排水电磁阀中与橡胶密封膜连成一体的阀门，洗涤后的污水因阀门开放而排到机外。排水结束后，排水电磁阀因线圈断电而将衔铁释放，排水电磁阀中的压缩弹簧推动橡胶密封膜，使阀门与阀体端口平面贴紧，将排水电磁阀关闭，完成排水操作。

【波轮式洗衣机的排水控制过程】

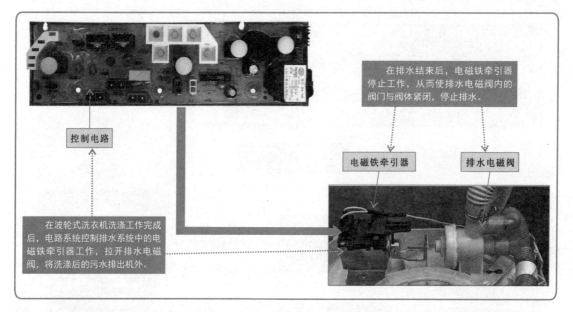

控制电路

在排水结束后，电磁铁牵引器停止工作，从而使排水电磁阀内的阀门与阀体紧闭，停止排水。

电磁铁牵引器　　排水电磁阀

在波轮式洗衣机洗涤工作完成后，电路系统控制排水系统中的电磁铁牵引器工作，拉开排水电磁阀，将洗涤后的污水排出机外。

> **特别提醒**
>
> 　　波轮式洗衣机在排水过程中，主要由电路部分发出控制信号控制电磁铁牵引器，通过控制电磁铁牵引器内的线圈来控制排水电磁阀的开关状态。

 4.波轮式洗衣机的脱水控制过程

　　波轮式洗衣机排水工作完成后，随即进行脱水工作。脱水时，电路系统控制起动电容器使电动机的脱水绕组工作，实现电动机的高速运转，同时通过离合器带动脱水桶按顺时针方向高速运转，靠离心力将吸附在衣物上的水分甩出桶外，起到脱水作用。

　　波轮式洗衣机中的安全门开关主要用于波轮式洗衣机通电状态的安全保护，可直接控制电动机的电源。若在洗衣机处于工作状态时打开洗衣机门，则门开关检测到上盖打开信号后会立即使洗衣机停止工作。

> **特别提醒**
>
> 　　波轮式洗衣机的盛水桶底部固定有底板，电动机、离合器等固定在底板上，这些部件都依靠支撑减振系统（吊杆组件）悬挂在外箱体上部的四只箱角上。吊杆组件除起吊挂作用外，还起着减振的作用，以保证洗衣桶在洗涤、脱水时受力平衡和稳定。

第2章
滚筒式洗衣机的结构和工作原理

2.1 滚筒式洗衣机的结构

将被洗涤的衣物放在滚筒式洗衣机水平（或接近水平）放置的洗衣桶内，使衣物的一部分浸入水中，滚筒定时正、反转或连续转动，使衣物在洗衣桶内翻滚并与洗涤液之间产生碰撞、摩擦，从而达到洗涤的目的。

2.1.1 滚筒式洗衣机的整机结构

从滚筒式洗衣机的正面可以看到上盖、操作控制面板、箱体、门组件等部分，从滚筒式洗衣机的背面可以看到后盖、进水口、出水口、电源线、铭牌标识等部分。

【滚筒式洗衣机的实物外形】

滚筒式洗衣机

由侧部投入衣物后，通过电动机驱动滚筒转动进行工作。

带有液晶屏的滚筒式洗衣机

滚筒式洗衣机的洗衣桶通常位于洗衣机箱体的中间位置。

滚筒式洗衣机的上盖和箱体罩在洗衣机的外部，具有保护作用。

料盒

操作控制面板

洗衣桶

门组件

上盖

进水口

箱体

铭牌

料盒是用于盛放洗涤剂的装置。

出水口

电源线

后盖

1. 滚筒式洗衣机的外部结构

如果将滚筒式洗衣机进行分解，整个洗衣机的构造就会一目了然。首先对滚筒式洗衣机的外部进行分解，可看到箱体由后壳、围框拼合在一起，并通过固定螺钉进行固定连接，其他部件都固定、安装在围框箱体上。

【滚筒式洗衣机的外部结构】

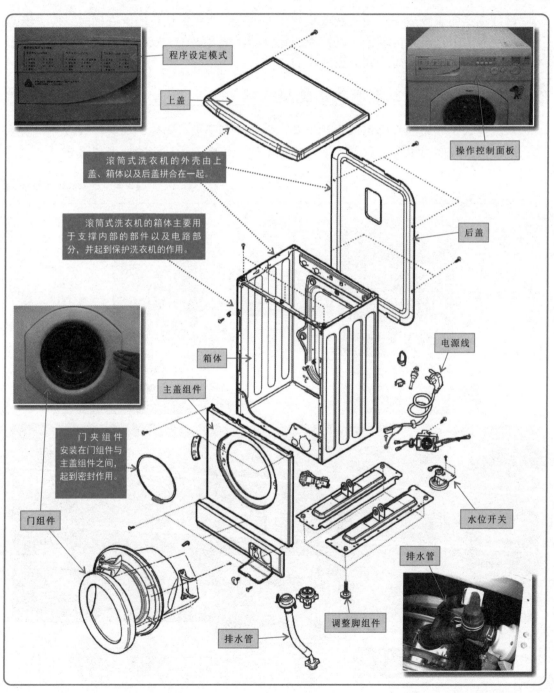

程序设定模式

上盖

滚筒式洗衣机的外壳由上盖、箱体以及后盖拼合在一起。

滚筒式洗衣机的箱体主要用于支撑内部的部件以及电路部分，并起到保护洗衣机的作用。

门夹组件安装在门组件与主盖组件之间，起到密封作用。

门组件

箱体

主盖组件

操作控制面板

后盖

电源线

水位开关

排水管

调整脚组件

排水管

2. 滚筒式洗衣机的内部结构

　　将滚筒式洗衣机的箱体、后盖等部分拆开后，就可看到其内部的各个部件。箱体内的主体部件是滚筒（呈水平放置的洗衣桶）。由吊装弹簧和减振器构成的支撑减振装置固定在箱体内，为洗衣机提供良好的支撑，并确保工作过程中的减振效果。

【滚筒式洗衣机的内部结构】

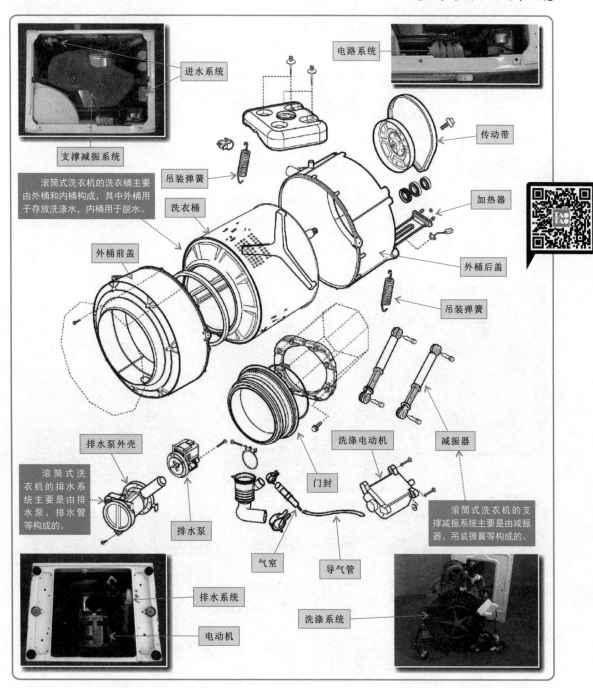

滚筒式洗衣机内除了上述部件外，通常还安装有加热组件。加热组件是由温度控制器、感温头、加热器以及水温传感器构成的，主要用于对洗衣桶内的水进行加热及温度控制。

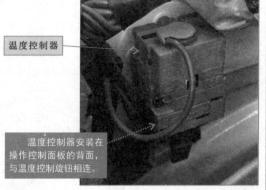

水温传感器

温度控制器

感温头

加热器

加热组件中的水温传感器、加热器以及感温头通常安装在洗衣桶的背面。

温度控制器安装在操作控制面板的背面，与温度控制旋钮相连。

▶ 2.1.2 滚筒式洗衣机的电路组成

　　与波轮式洗衣机的电路系统类似，滚筒式洗衣机的电路系统是通过输入的人工指令来控制洗衣机的工作状态的，其中包括以微处理器为核心的控制电路以及用来设定工作模式的程序控制器。

【滚筒式洗衣机的电路系统】

程序控制器

操作控制面板

程序控制器通常位于洗衣机操作控制面板的后部，可通过操作控制面板上的洗涤方式选择旋钮直接对其进行操作。

控制电路板

滚筒式洗衣机的控制电路板通常固定在洗衣机后面的箱体内。

2.2 滚筒式洗衣机的工作原理

2.2.1 滚筒式洗衣机的洗涤原理

将衣物从滚筒式洗衣机前方放入洗衣桶内，使衣物部分浸入水中，依靠滚筒定时地正、反转或连续转动，带动衣物在洗衣桶内翻滚，通过相互碰撞、摩擦，并在洗涤液的作用下使污物从衣物上脱离，从而达到洗净衣物的目的。

【滚筒式洗衣机的整机洗涤原理】

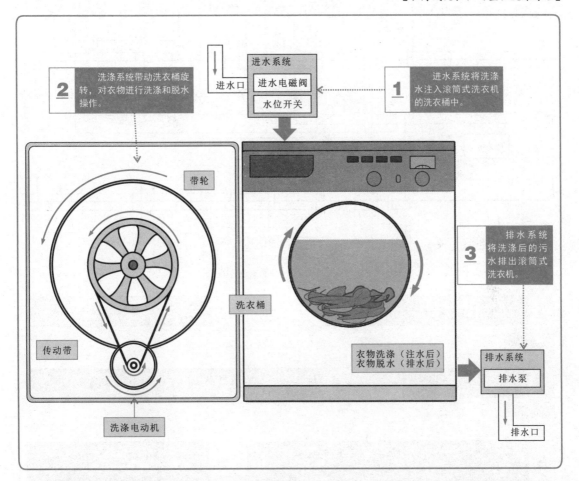

特别提醒

在滚筒式洗衣机通电后，进水电磁阀开启，开始注水。随着桶中水位的不断上升，水位开关中气室口处的气压也随之升高，进而水位开关中的不同水位控制开关接通，在达到程序控制器设定模式所需的水位后，进水电磁阀停止工作，洗衣机的电动机开始工作，带动洗衣桶运转，对衣物进行洗涤和脱水等操作。

在洗涤过程中，通过电路板控制电动机的运转速度。在洗涤工作完成后，排水系统开始工作，水在排水泵叶轮运转产生的吸力作用下，通过排水泵的出水口排放到洗衣机外。在排水过程中，水位开关的气压逐渐降低，触动程序控制器后，切断排水泵的电路，使排水泵停止工作。

洗衣机排水工作完成后，随即进行脱水工作。脱水时，电动机在脱水状态下工作，实现电动机的高速运转，同时带动洗衣桶高速旋转，使衣物上吸附的水分在离心力的作用下，通过内桶壁上的排水孔甩出桶外。在洗衣机的工作过程中，固定在外桶四周的支撑减振系统用于保持洗衣机平衡，确保洗衣机在大力晃动下能够稳定工作。

在对滚筒式洗衣机的整机洗涤原理有所了解后，再来学习一下滚筒式洗衣机的电路工作原理，以加深对滚筒式洗衣机各项工作的理解。从下图可以看出，滚筒式洗衣机各部件都有对应的电路符号，各部件协调工作是通过主控电路实现的。

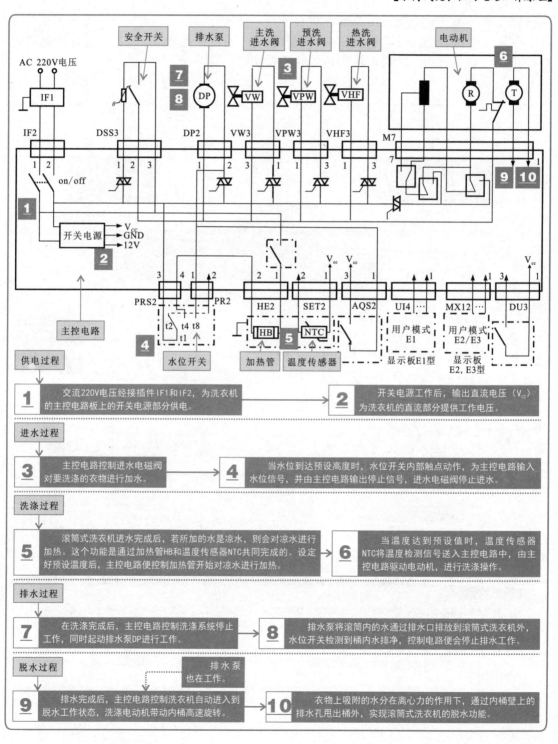

1 交流220V电压经接插件IF1和IF2，为洗衣机的主控电路板上的开关电源部分供电。

2 开关电源工作后，输出直流电压（V_{cc}）为洗衣机的直流部分提供工作电压。

进水过程

3 主控电路控制进水电磁阀对要洗涤的衣物进行加水。

4 当水位到达预设高度时，水位开关内部触点动作，为主控电路输入水位信号，并由主控电路输出停止信号，进水电磁阀停止进水。

洗涤过程

5 滚筒式洗衣机进水完成后，若所加的水是凉水，则会对凉水进行加热。这个功能是通过加热管HB和温度传感器NTC共同完成的。设定好预设温度后，主控电路便控制加热管开始对凉水进行加热。

6 当温度达到预设值时，温度传感器NTC将温度检测信号送入主控电路中，由主控电路驱动电动机，进行洗涤操作。

排水过程

7 在洗涤完成后，主控电路控制洗涤系统停止工作，同时起动排水泵DP进行工作。

8 排水泵将滚筒内的水通过排水口排放到滚筒式洗衣机外，水位开关检测到桶内水排净，控制电路便会停止排水工作。

脱水过程

9 排水完成后，主控电路控制洗衣机自动进入到脱水工作状态，洗涤电动机带动内桶高速旋转。

10 衣物上吸附的水分在离心力的作用下，通过内桶壁上的排水孔甩出桶外，实现滚筒式洗衣机的脱水功能。

　　滚筒式洗衣机是由电路系统协调各部分进行工作的。在对滚筒式洗衣机进行操作时，通过操作显示电路的按钮或旋钮输入人工指令至主控电路，由主控电路控制滚筒式洗衣机实现各个功能。为了便于理解滚筒式洗衣机的整机控制过程，通常将工作过程划分为4个阶段，即进水控制、洗涤控制、排水控制、脱水控制。

【滚筒式洗衣机的整机控制关系】

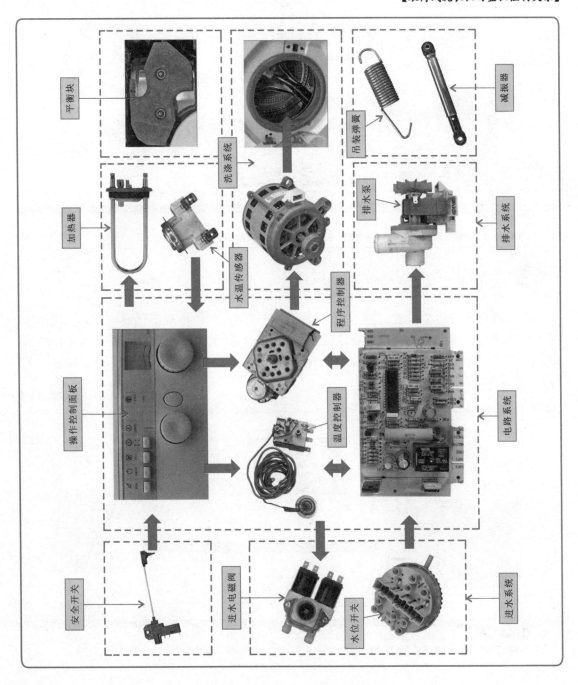

1. 滚筒式洗衣机的进水控制过程

　　滚筒式洗衣机由电路部分给进水系统的进水电磁阀发送开启指令，进水电磁阀开始注水。随着洗衣桶中水位的不断上升，水位开关中气室口处的气压升高，进而起动水位开关中的不同水位控制开关。在达到程序控制器设定模式所需的水位后，进水电磁阀停止工作。

【滚筒式洗衣机的进水控制过程】

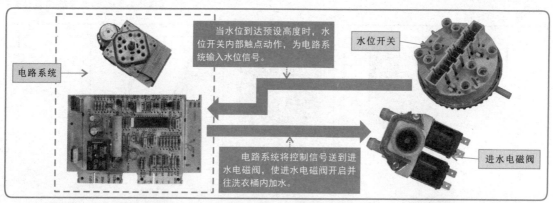

　　特别提醒

　　进水电磁阀受电路部分控制。在电路系统输出进水控制指令后，电磁阀开启并进行注水。水位受水位开关控制。

 2. 滚筒式洗衣机的排水控制过程

　　在滚筒式洗衣机完成洗涤操作后，排水系统开始工作，排水泵接通电源，水流随着排水泵叶轮运转时产生的吸力，通过排水泵的出水口排放到洗衣机外。在排水工作结束后，水位开关内的气压逐渐降低，触动程序控制器后，切断排水泵的电路，排水工作停止。

【滚筒式洗衣机的排水控制过程】

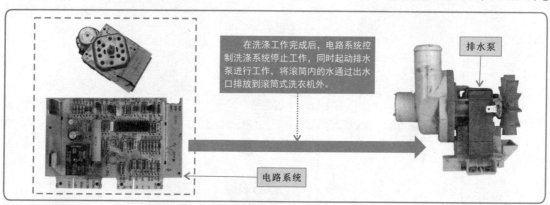

　　特别提醒

　　排水系统工作时，主要由电路部分通过对排水泵内电动机的控制来控制排水泵的工作状态。

3.滚筒式洗衣机的洗涤控制过程

在滚筒式洗衣机完成进水后，电路部分接收人工指令，起动洗涤系统中的电动机，带动洗衣机的内桶运转，进行洗涤操作。在内桶运转过程中，通过程序控制电路板控制电动机的运转速度。在洗衣机的工作过程中，程序控制器的机械控制装置控制电动机的起动和制动，通过对起动电路的控制来实现电动机在洗涤和脱水两种状态下的运转速度。

【滚筒式洗衣机的洗涤控制过程】

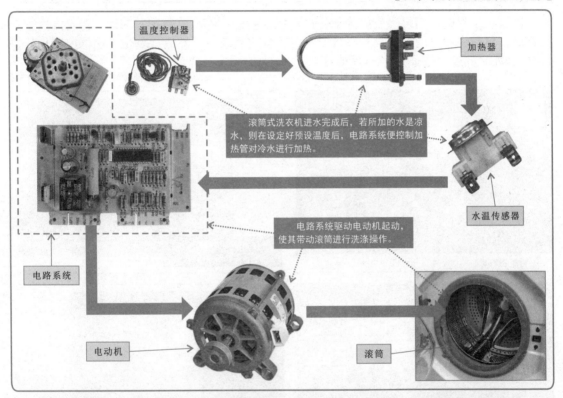

温度控制器

加热器

滚筒式洗衣机进水完成后，若所加的水是凉水，则在设定好预设温度后，电路系统便控制加热管对冷水进行加热。

水温传感器

电路系统

电路系统驱动电动机起动，使其带动滚筒进行洗涤操作。

电动机

滚筒

> **特别提醒**
> 洗涤系统的工作状态主要由电路系统控制。电路系统将驱动电压传送给电动机，并由电动机带动滚筒式洗衣机进行洗涤工作。

 4.滚筒式洗衣机的脱水控制过程

滚筒式洗衣机排水工作完成后，随即进行脱水工作。脱水时，电路系统控制起动电容器使电动机的脱水绕组工作，实现电动机的高速运转，同时带动洗衣桶高速旋转，衣物上吸附的水分在离心力的作用下，通过内桶壁上的排水孔甩出桶外，实现洗衣机的脱水功能。

> **特别提醒**
> 滚筒式洗衣机在工作过程中，通过固定在系统四周的支撑减振系统（吊装弹簧和减振器）确保洗衣机的平衡，保障洗衣机在巨大的离心力作用下能够稳定地工作。

第3章

洗衣机的拆卸

3.1 波轮式洗衣机的拆卸

▶ 3.1.1 围框的拆卸

围框用于封闭和固定洗衣机内部的操作控制面板、进水电磁阀等部件。在对围框进行拆卸时，可首先找到围框的挡片和固定螺钉，并将其取下，然后找到位于围框内侧与其他部件关联的部位，将关联部位分离即可。

【波轮式洗衣机围框的拆卸】

1

围框

固定螺钉

拧下围框背面的两个固定螺钉。

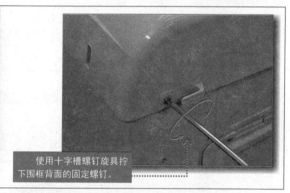

使用十字槽螺钉旋具拧下围框背面的固定螺钉。

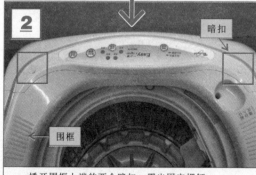

2

暗扣

围框

撬开围框上端的两个暗扣，露出固定螺钉。

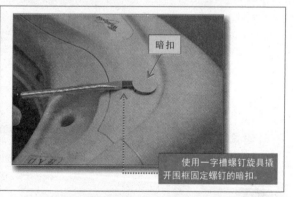

暗扣

使用一字槽螺钉旋具撬开围框固定螺钉的暗扣。

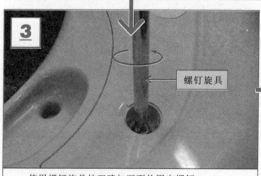

3

螺钉旋具

使用螺钉旋具拧下暗扣下面的固定螺钉。

4

上盖

围框

将围框连同上盖向后掀起。

特别提醒

软水管和连接引线与围框上的水位调节钮和操作控制面板相连，因此，掀起围框时不能将围框从整机上取下。

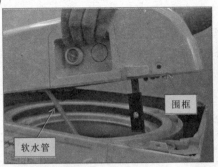

软水管　围框

围框

箱体

连接引线

5

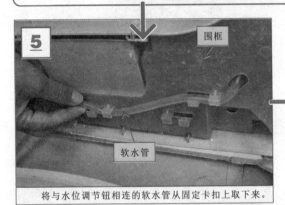

围框

软水管

将与水位调节钮相连的软水管从固定卡扣上取下来。

6

围框

箱体

将围框完全掀起。

7

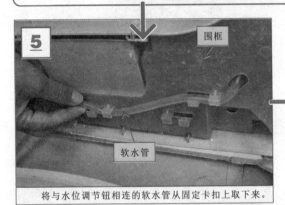

固定螺钉

半透明塑料盖

拧下位于围框上半透明塑料盖的6颗固定螺钉。

使用十字槽螺钉旋具拧下半透明塑料盖的固定螺钉。

8

从围框上取下半透明塑料盖。

特别提醒

取下半透明塑料盖时应注意，由于水位开关的软水管是穿过半透明塑料盖与整机中的气室相连的，因此应注意不要将软水管损坏。

水位开关

软水管

　　全自动波轮式洗衣机通常由控制电路对整机进行控制。该电路通常位于波轮式洗衣机围框操作控制面板的下方。在对控制电路板进行拆卸时，首先要将波轮式洗衣机围框操作控制面板部分的卡扣撬开，然后找到固定控制电路板与控制面板的固定螺钉，将其拧下，最后将控制电路板上的接插件拔下即可。

【波轮式洗衣机控制电路板的拆卸】

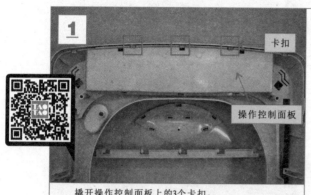
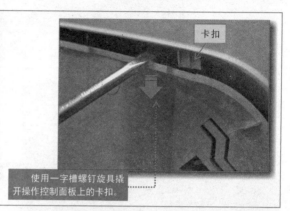

撬开操作控制面板上的3个卡扣。

使用一字槽螺钉旋具撬开操作控制面板上的卡扣。

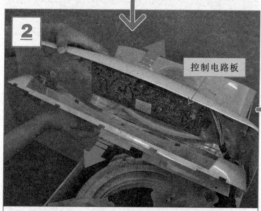

分离操作控制面板（在围框上），找到控制电路板。

将固定控制电路板与操作控制面板的固定螺钉拧下。

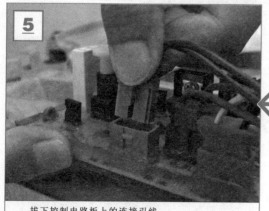
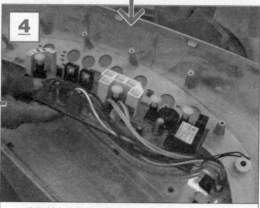

拔下控制电路板上的连接引线。

将控制电路板从操作控制面板上取下。

波轮是波轮式洗衣机中特有的装置，通过固定螺钉固定在离合器波轮轴上，并由离合器、电动机带动做间歇式正、反转，使水流呈多方向流动。洗衣桶则是用于盛放衣物的装置。在对波轮进行拆卸时，可首先找到波轮上的盖片，将其取下，然后找到波轮的固定螺钉，将其拧下即可。拆下波轮后即可对洗衣桶进行拆卸，但拆卸前还需将洗衣桶上端的桶圈拆下。

【波轮式洗衣机波轮及洗衣桶的拆卸】

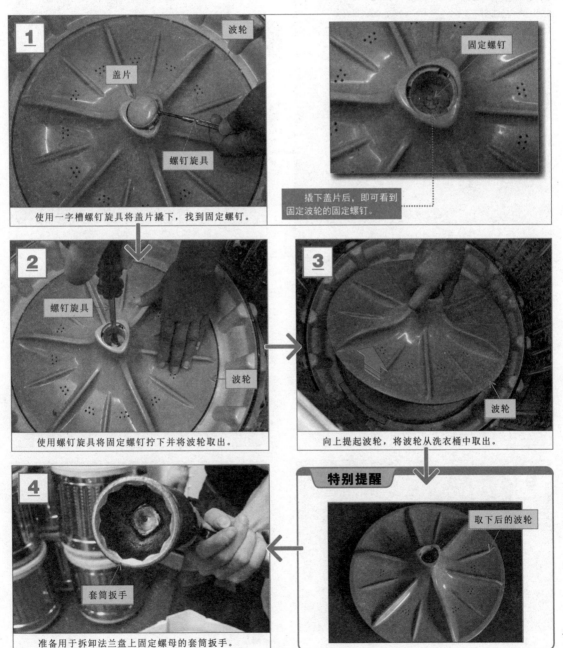

1 波轮
盖片
螺钉旋具

使用一字槽螺钉旋具将盖片撬下，找到固定螺钉。

固定螺钉

撬下盖片后，即可看到固定波轮的固定螺钉。

2 螺钉旋具
波轮

使用螺钉旋具将固定螺钉拧下并将波轮取出。

3 波轮

向上提起波轮，将波轮从洗衣桶中取出。

4 套筒扳手

准备用于拆卸法兰盘上固定螺母的套筒扳手。

特别提醒

取下后的波轮

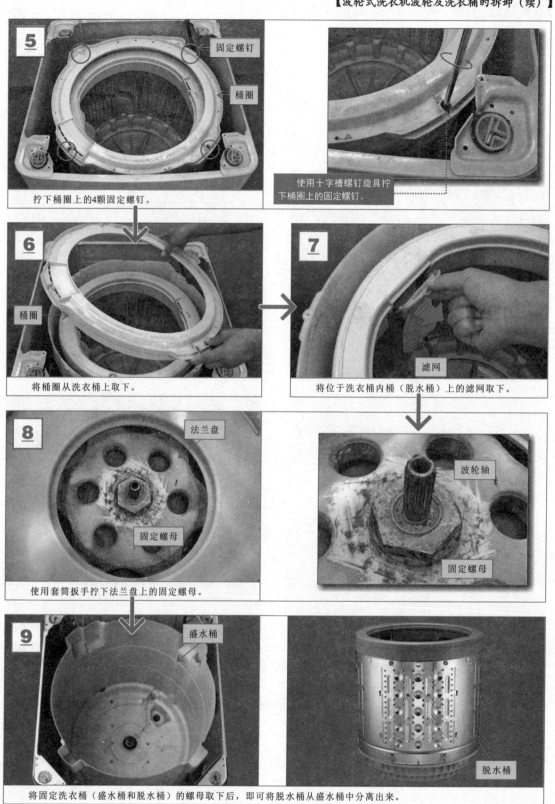

5 固定螺钉

桶圈

拧下桶圈上的4颗固定螺钉。

使用十字槽螺钉旋具拧下桶圈上的固定螺钉。

6 桶圈

将桶圈从洗衣桶上取下。

7 滤网

将位于洗衣桶内桶（脱水桶）上的滤网取下。

8 法兰盘

固定螺母

使用套筒扳手拧下法兰盘上的固定螺母。

波轮轴

固定螺母

9 盛水桶

脱水桶

将固定洗衣桶（盛水桶和脱水桶）的螺母取下后，即可将脱水桶从盛水桶中分离出来。

挡板用于封闭洗衣机内部部件。在对挡板进行拆卸时，可首先找到挡板的固定螺钉和卡槽，将固定螺钉拧下后，即可将挡板从卡槽中抽取出来。

【波轮式洗衣机挡板的拆卸】

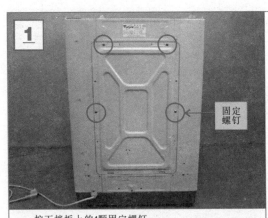

1

固定螺钉

拧下挡板上的4颗固定螺钉。

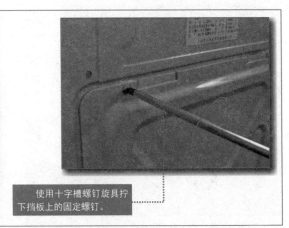

使用十字槽螺钉旋具拧下挡板上的固定螺钉。

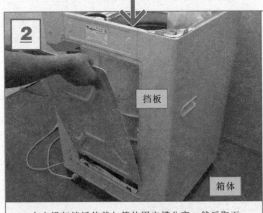

2

挡板

箱体

向上提起挡板使其与箱体固定槽分离，然后取下挡板。

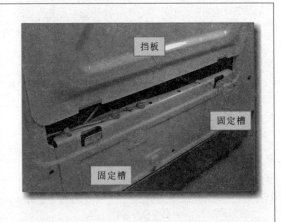

挡板

固定槽

固定槽

3

取下挡板后即可看到洗衣机的内部部件。

气室

排水管

电动机和离合器

底板是洗衣机的支撑装置。在对其进行拆卸时，首先要将固定在底板上的排水管取下，然后拧下底板上的固定螺钉，即可将底板取下。

【波轮式洗衣机底板的拆卸】

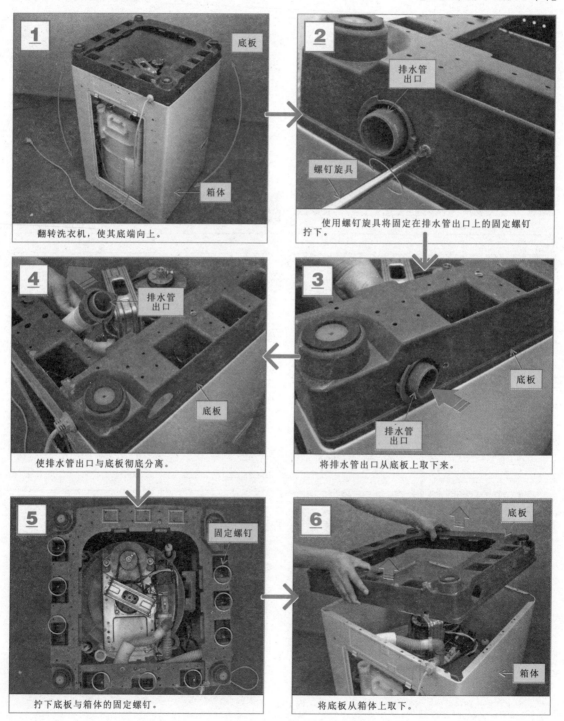

1 翻转洗衣机，使其底端向上。

底板

箱体

2 使用螺钉旋具将固定在排水管出口上的固定螺钉拧下。

排水管出口

螺钉旋具

4 使排水管出口与底板彻底分离。

排水管出口

底板

3 将排水管出口从底板上取下来。

底板

排水管出口

5 拧下底板与箱体的固定螺钉。

固定螺钉

6 将底板从箱体上取下。

底板

箱体

▶ 3.2.1 上盖与后盖板的拆卸 ≫

　　滚筒式洗衣机的上盖与后盖板用于封闭洗衣机的内部部件，防止异物进入滚筒式洗衣机内部而损坏洗衣机，避免人体接触洗衣机内部电路造成触电，同时还可使洗衣机坚固、美观。在对上盖与后盖板进行拆卸时，可首先找到上盖与后盖板的固定螺钉，然后将其取下。

【滚筒式洗衣机上盖与后盖板的拆卸】

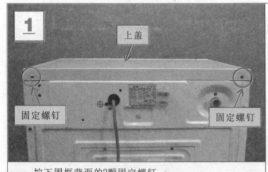

1 上盖　固定螺钉　固定螺钉

拧下围框背面的2颗固定螺钉。

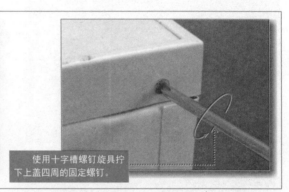

使用十字槽螺钉旋具拧下上盖四周的固定螺钉。

2 上盖

将洗衣机上盖向上提起，即可将上盖取下。

进水电磁阀　起动电容器　水位开关

取下上盖后，就可以看到位于滚筒式洗衣机顶部的部件了。

3 固定螺钉

使用螺钉旋具将后盖板的固定螺钉拧下。

4 后盖板

向下端移动后盖板，然后将后盖板倾斜，即可将其取下。

操作控制面板用于输入人工指令，进而控制洗衣机的工作状态。在对操作控制面板进行拆卸前，必须先将与其连接的相关功能旋钮取下，然后再将操作控制面板与机体分离，最后拔下操作控制面板内的连接引线即可。

【滚筒式洗衣机模式选择按钮的拆卸】

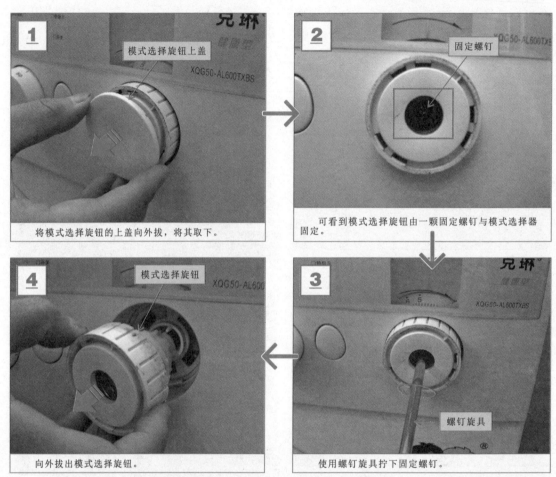

1 模式选择旋钮上盖
将模式选择旋钮的上盖向外拔，将其取下。

2 固定螺钉
可看到模式选择旋钮由一颗固定螺钉与模式选择器固定。

3 螺钉旋具
使用螺钉旋具拧下固定螺钉。

4 模式选择旋钮
向外拔出模式选择旋钮。

【滚筒式洗衣机操作控制面板的拆卸】

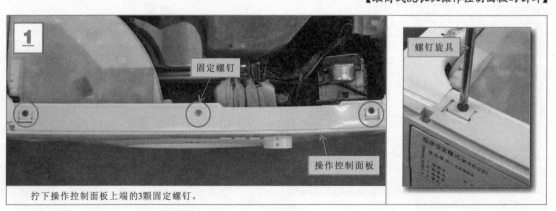

1 固定螺钉
操作控制面板
螺钉旋具
拧下操作控制面板上端的3颗固定螺钉。

2

卡扣

使用一字槽螺钉旋具分别将上端的2颗固定卡扣撬开。

3

操作控制面板

向外掰动操作控制面板，将操作控制面板从滚筒式洗衣机上取下。

【滚筒式洗衣机操作控制面板的分离】

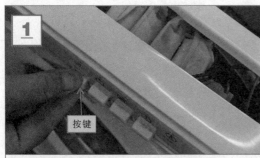

1

按键

将与功能按键控制器相连接的4个按键依次拔下。

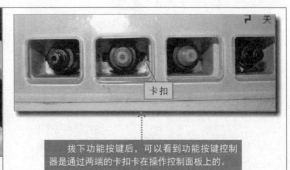

关

卡扣

拔下功能按键后，可以看到功能按键控制器是通过两端的卡扣卡在操作控制面板上的。

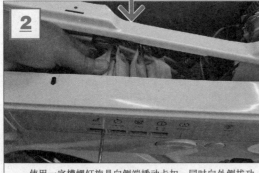

2

使用一字槽螺钉旋具向侧端撬动卡扣，同时向外侧拔功能按键控制器，即可将功能按键控制器取下。

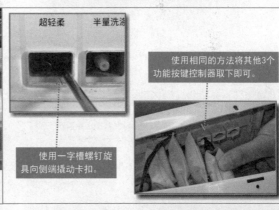

超轻柔　　半量洗涤

使用一字槽螺钉旋具向侧端撬动卡扣。

使用相同的方法将其他3个功能按键控制器取下即可。

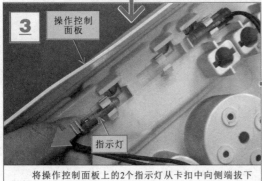

3

操作控制面板

指示灯

将操作控制面板上的2个指示灯从卡扣中向侧端拔下取出。

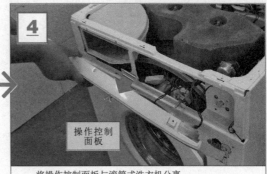

4

操作控制面板

将操作控制面板与滚筒式洗衣机分离。

　　滚筒式洗衣机门通常安装在洗衣机箱体前面。洗衣机门组件用于密封滚筒，保证在洗涤状态下不可打开洗衣机门。对洗衣机门的拆卸主要包括对门、门封的拆卸。

【滚筒式洗衣机门的拆卸】

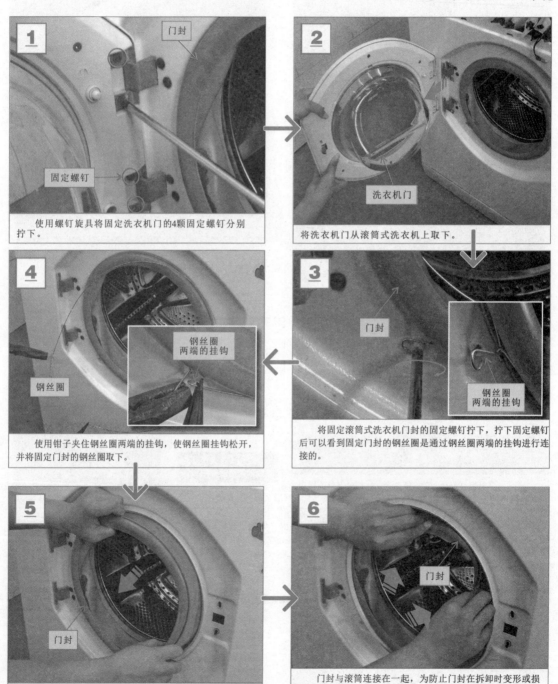

1 门封　固定螺钉

　　使用螺钉旋具将固定洗衣机门的4颗固定螺钉分别拧下。

2 洗衣机门

　　将洗衣机门从滚筒式洗衣机上取下。

4 钢丝圈两端的挂钩　钢丝圈

　　使用钳子夹住钢丝圈两端的挂钩，使钢丝圈挂钩松开，并将固定门封的钢丝圈取下。

3 门封　钢丝圈两端的挂钩

　　将固定滚筒式洗衣机门封的固定螺钉拧下，拧下固定螺钉后可以看到固定门封的钢丝圈是通过钢丝圈两端的挂钩进行连接的。

5 门封

　　将门封向外拉出。

6 门封

　　门封与滚筒连接在一起，为防止门封在拆卸时变形或损坏，可将其推入滚筒内。

第4章

洗衣机的故障特点和检修流程

4.1 洗衣机的故障特点

4.1.1 洗衣机进水异常的故障特点

进水异常主要是指洗衣机工作时，外部水不能进入洗衣机中或进入洗衣机中的水不能得到自动控制。这类故障可以分为不进水和进水不止两种。

1. 洗衣机不进水的故障特点

洗衣机不进水的故障主要表现为：接通电源，按下起动按钮，电源指示灯亮，洗衣机不能通过供水系统将水送入洗衣机内。

【洗衣机不进水的故障分析】

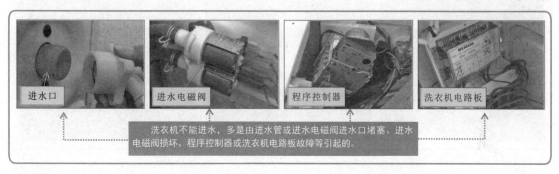

进水口　　进水电磁阀　　程序控制器　　洗衣机电路板

洗衣机不能进水，多是由进水管或进水电磁阀进水口堵塞、进水电磁阀损坏、程序控制器或洗衣机电路板故障等引起的。

2. 洗衣机进水不止的故障特点

洗衣机进水不止的故障主要表现为：接上进水管，打开水龙头，洗衣机通电工作，通过进水系统加水，待到达预定水位后，不能停止进水。

【洗衣机进水不止的故障分析】

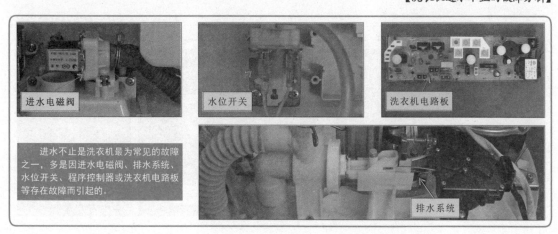

进水电磁阀　　水位开关　　洗衣机电路板

进水不止是洗衣机最为常见的故障之一，多是因进水电磁阀、排水系统、水位开关、程序控制器或洗衣机电路板等存在故障而引起的。

排水系统

洗涤/脱水异常主要是指洗衣机工作后，能够自动控制进水，但在进入洗涤或脱水工作程序后，洗衣机不能进入工作状态。这类故障可以分为不洗涤和不脱水两种。

1. 洗衣机不洗涤的故障特点

洗衣机不洗涤的故障主要表现为：起动洗衣机，进水到设定水位后，洗衣桶不转，不能实现洗涤衣物的功能。

【洗衣机不洗涤的故障分析】

门开关

传动带

起动电容器

电动机

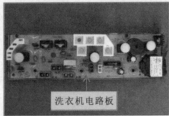

洗衣机电路板

不洗涤也是洗衣机最为常见的故障之一。洗衣机进水正常且能自动控制水位，说明进水系统基本正常，而洗衣机不能进行洗涤工作，则故障大多是由洗衣机门处于打开状态或关闭不严、门开关损坏、洗衣机带轮或传动带异常、电动机起动电容器损坏、电动机本身或供电异常、电路异常等引起的。

2. 洗衣机不脱水的故障特点

洗衣机不脱水的故障主要表现为：接通电源后，洗衣机能够正常洗涤衣物，但在排水完成后，洗衣机不能进行脱水工作。

波轮式洗衣机与滚筒式洗衣机由于结构不同，故障分析也不尽相同。

【波轮式洗衣机不脱水的故障分析】

波轮式洗衣机出现不脱水的故障原因多为排水组件中的牵引器动作异常、离合器制动臂与挡块之间的距离过大、程序控制器工作异常等。

离合器

程序控制器

滚筒式洗衣机出现不脱水的故障原因多为水位开关没有复位、洗衣机电动机洗涤绕组电阻值异常、程序控制器工作异常等。

程序控制器

电动机

水位开关

▶ 4.1.3 洗衣机排水异常的故障特点

排水异常主要是指洗衣机工作后，能够正常进水和洗涤，但在洗涤完成后不能自动进行排水或在洗涤过程中一直处于排水工作状态。这类故障可以分为不排水和排水不止两种。

 1. 洗衣机不排水的故障特点

洗衣机不排水的故障主要表现为：开机后洗衣机进水、洗涤均正常，但在洗涤完成后不能通过排水系统排水。

【洗衣机不排水的故障分析】

排水阀　牵引器

排水泵进水口

排水泵叶轮

排水泵连接线

排水泵电动机

洗衣机不排水的原因多为排水系统出现故障，如波轮式洗衣机的排水组件堵塞、排水组件中的牵引器动作异常、牵引器供电异常、排水组件中的排水阀动作异常等，又如滚筒式洗衣机排水管和排水泵进水口有异物堵塞、排水泵叶轮堵塞、排水泵连接线松动、排水泵供电异常或排水泵电动机异常等。

2. 洗衣机排水不止的故障特点

洗衣机排水不止的故障主要表现为：洗衣机起动后进水、洗涤均正常，但无论处于进水状态还是洗涤状态，都出现排水现象。

【洗衣机排水不止的故障分析】

洗衣机排水不止的故障原因多为排水泵、排水阀损坏，排水阀和牵引器总处于排水状态，程序控制器或电路板总输出排水控制信号等。

牵引器 排水状态 排水阀

排水泵

电路板

▶ 4.1.4 洗衣机噪声过大的故障特点 ≫

洗衣机噪声过大的故障主要表现为：接通电源后，洗衣机能够正常洗涤衣物，但在工作中产生异常声响，严重时洗衣机不能正常工作。

【洗衣机噪声过大的故障分析】

可调底脚

吊装弹簧 ← 滚筒式洗衣机

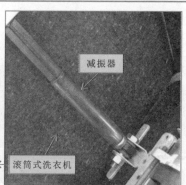

减振器

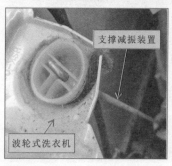

支撑减振装置

波轮式洗衣机

电动机主轴

洗衣机产生异常声响的原因多为洗涤的衣物中有金属物、洗衣机放置不平稳、可调底脚调节不到位、支撑减振装置安装异常、排水泵叶轮有硬物卡住、洗衣桶主轴磨损或缺少润滑油、电动机运转声音过大、洗衣机内部有松动的元器件等。

4.2 洗衣机的检修流程

4.2.1 洗衣机不进水的故障检修流程

当洗衣机出现不进水的故障时，首先要排除外部水源以及电源供电的因素，然后重点对进水管、进水电磁阀以及进水电磁阀的供电电压进行检查。

【洗衣机不进水的故障检修流程】

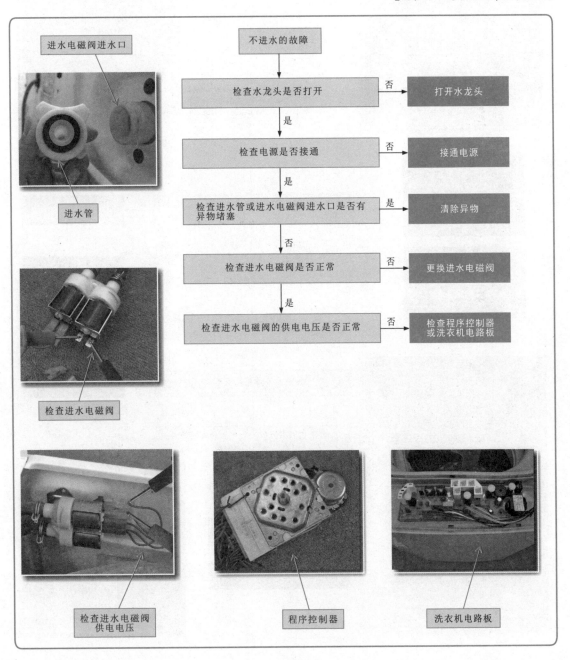

进水电磁阀进水口

进水管

检查进水电磁阀

检查进水电磁阀
供电电压

程序控制器

洗衣机电路板

不进水的故障

检查水龙头是否打开 → 否 → 打开水龙头
是 ↓

检查电源是否接通 → 否 → 接通电源
是 ↓

检查进水管或进水电磁阀进水口是否有异物堵塞 → 是 → 清除异物
否 ↓

检查进水电磁阀是否正常 → 否 → 更换进水电磁阀
是 ↓

检查进水电磁阀的供电电压是否正常 → 否 → 检查程序控制器或洗衣机电路板

洗衣机出现进水不止的故障时，可通过断开电源、接通电源、设置水位三种状态基本确定故障点，然后重点对进水电磁阀、程序控制器、排水系统、水位开关等进行检查。

【洗衣机进水不止的故障检修流程】

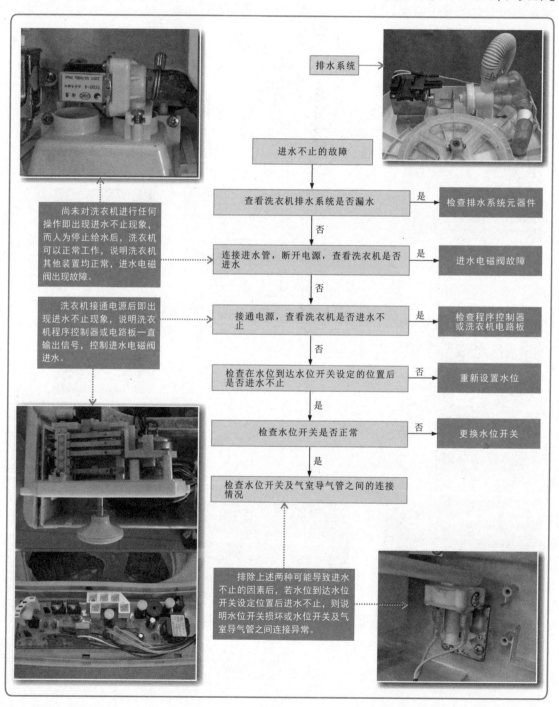

排水系统 →

进水不止的故障
↓
查看洗衣机排水系统是否漏水 —是→ 检查排水系统元器件
↓否
连接进水管，断开电源，查看洗衣机是否进水 —是→ 进水电磁阀故障
↓否
接通电源，查看洗衣机是否进水不止 —是→ 检查程序控制器或洗衣机电路板
↓否
检查在水位到达水位开关设定的位置后是否进水不止 —否→ 重新设置水位
↓是
检查水位开关是否正常 —否→ 更换水位开关
↓是
检查水位开关及气室导气管之间的连接情况

尚未对洗衣机进行任何操作即出现进水不止现象，而人为停止给水后，洗衣机可以正常工作，说明洗衣机其他装置均正常，进水电磁阀出现故障。

洗衣机接通电源后即出现进水不止现象，说明洗衣机程序控制器或电路板一直输出信号，控制进水电磁阀进水。

排除上述两种可能导致进水不止的因素后，若水位到达水位开关设定位置后进水不止，则说明水位开关损坏或水位开关及气室导气管之间连接异常。

当洗衣机出现不洗涤的故障时，应先检查洗衣机门关闭是否正常，排除该因素后，应逐一对门开关、洗衣机带轮、传动带、起动电容器、电动机、程序控制器或洗衣机电路板等进行检查。

【洗衣机不洗涤的故障检修流程】

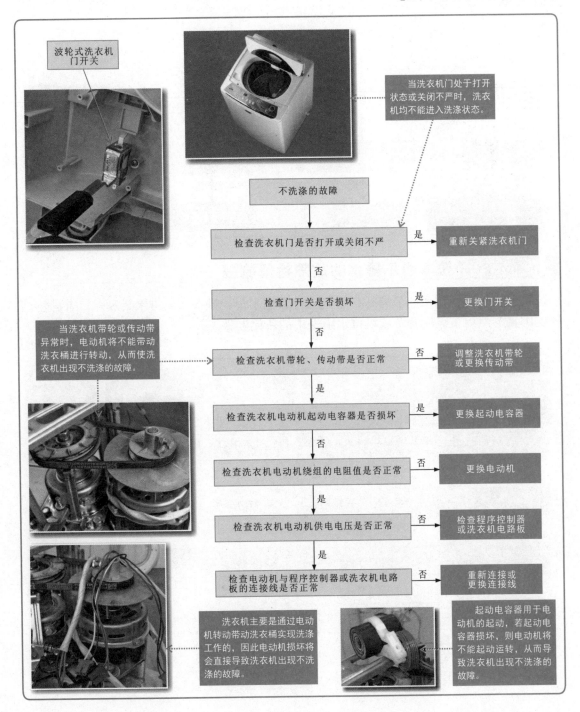

波轮式洗衣机门开关

当洗衣机门处于打开状态或关闭不严时，洗衣机均不能进入洗涤状态。

不洗涤的故障

检查洗衣机门是否打开或关闭不严 —是→ 重新关紧洗衣机门

↓否

检查门开关是否损坏 —是→ 更换门开关

↓否

当洗衣机带轮或传动带异常时，电动机将不能带动洗衣桶进行转动，从而使洗衣机出现不洗涤的故障。

检查洗衣机带轮、传动带是否正常 —否→ 调整洗衣机带轮或更换传动带

↓是

检查洗衣机电动机起动电容器是否损坏 —是→ 更换起动电容器

↓否

检查洗衣机电动机绕组的电阻值是否正常 —否→ 更换电动机

↓是

检查洗衣机电动机供电电压是否正常 —否→ 检查程序控制器或洗衣机电路板

↓是

检查电动机与程序控制器或洗衣机电路板的连接线是否正常 —否→ 重新连接或更换连接线

洗衣机主要是通过电动机转动带动洗衣桶实现洗涤工作的，因此电动机损坏将会直接导致洗衣机出现不洗涤的故障。

起动电容器用于电动机的起动，若起动电容器损坏，则电动机将不能起动运转，从而导致洗衣机出现不洗涤的故障。

当波轮式洗衣机出现不脱水的故障时，应重点检查牵引器、离合器以及程序控制器是否正常；当滚筒式洗衣机出现不脱水的故障时，应重点检查水位开关、洗衣机电动机以及程序控制器是否正常。

【洗衣机不脱水的故障检修流程】

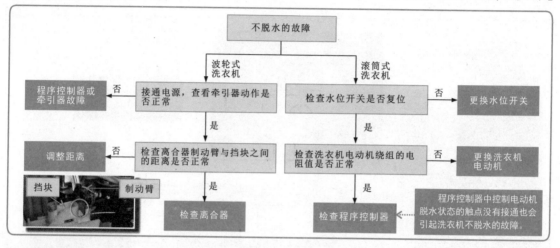

洗衣机出现不排水的故障时，首先应排除排水管、排水阀或排水泵进水口有异物堵死的因素，然后重点检查洗衣机排水组件中的各元器件。

【洗衣机不排水的故障检修流程】

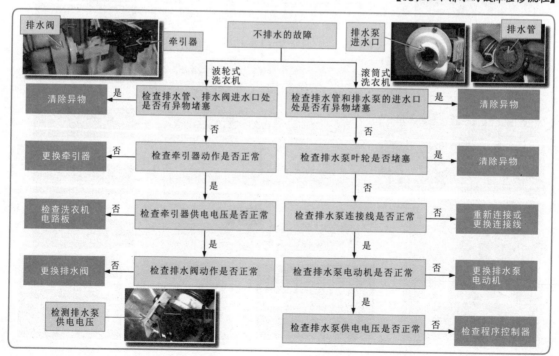

洗衣机出现排水不止的故障时，应首先排除排水管破裂的因素，然后重点对排水阀、牵引器的动作情况进行检查，若均正常，则将故障点锁定在程序控制器或洗衣机电路板上。

【洗衣机排水不止的故障检修流程】

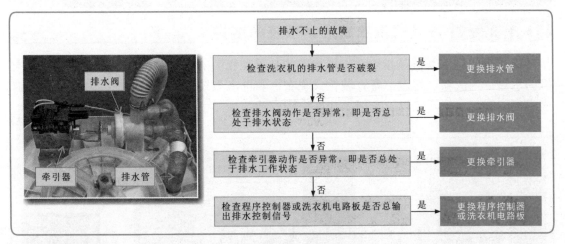

▶ **4.2.7** **洗衣机噪声过大的故障检修流程** ≫

洗衣机出现噪声过大的故障时，应重点查看洗涤的衣物中是否有金属物、洗衣机放置是否平稳、支撑减振装置安装是否正常、排水泵叶轮上是否有异物、排水泵叶轮是否被异物卡住、洗衣桶主轴是否磨损、电动机运转声音是否过大。

【洗衣机噪声过大的故障检修流程】

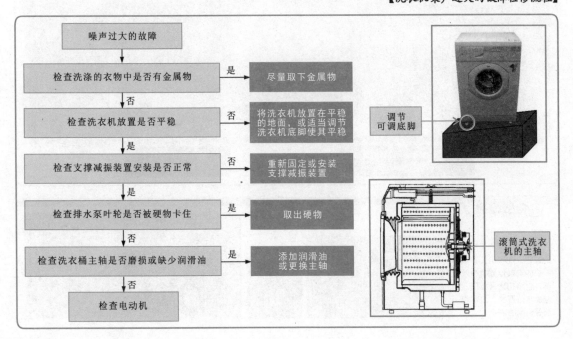

第5章
洗衣机进水系统的检修

 5.1 波轮式洗衣机进水系统的结构与工作原理

▶ **5.1.1 波轮式洗衣机进水系统的结构** »»

　　洗衣机的进水系统是指给洗衣机加水的装置和相关的管路系统，用于控制进入洗衣机的水量，为洗涤工作做准备。波轮式洗衣机的进水系统位于洗衣机围框内，主要是由进水电磁阀、水位开关以及一些外部部件构成的。

【波轮式洗衣机的进水系统】

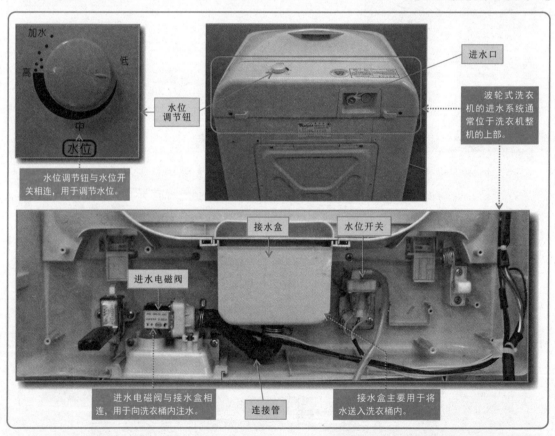

水位调节钮

水位调节钮与水位开关相连，用于调节水位。

进水口

波轮式洗衣机的进水系统通常位于洗衣机整机的上部。

接水盒

水位开关

进水电磁阀

进水电磁阀与接水盒相连，用于向洗衣桶内注水。

连接管

接水盒主要用于将水送入洗衣桶内。

特别提醒

　　不同品牌、不同型号的波轮式洗衣机，其进水系统的安装位置也有所不同，但结构大致相同，均是由水位开关、进水电磁阀等构成的。

进水口

进水系统位于该洗衣机的顶部。

1. 进水电磁阀

　　进水电磁阀又称为进水阀或注水阀。波轮式洗衣机中的进水电磁阀通常与接水盒相连接，主要由控制电路进行控制。通过对进水电磁阀的控制，实现对波轮式洗衣机自动注水和自动停止注水的操作。

【进水电磁阀的实物外形】

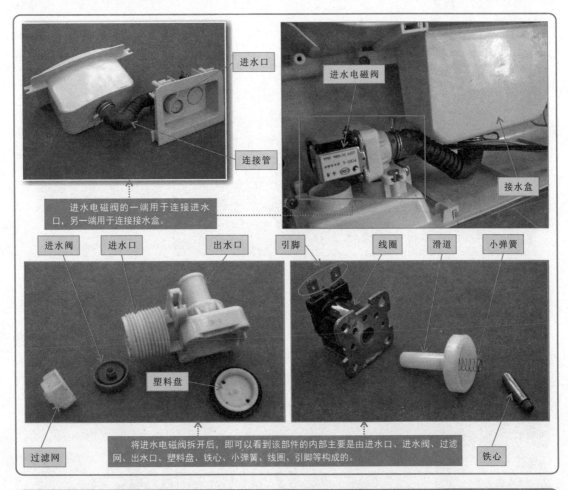

进水口

连接管

进水电磁阀的一端用于连接进水口，另一端用于连接接水盒。

进水电磁阀

接水盒

进水阀　进水口　出水口　　引脚　　线圈　滑道　小弹簧

塑料盘

过滤网

将进水电磁阀拆开后，即可以看到该部件的内部主要是由进水口、进水阀、过滤网、出水口、塑料盘、铁心、小弹簧、线圈、引脚等构成的。

铁心

特别提醒

　　波轮式洗衣机进水系统中常使用的进水电磁阀主要分为弯管式进水电磁阀和直体式进水电磁阀。这两种进水电磁阀是根据进水口水管形状的不同进行区分的。

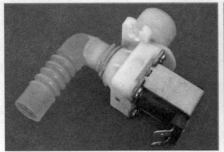

弯管式进水电磁阀

直体式进水电磁阀

水位开关是检测和控制洗衣机洗衣桶内水位的元件。该元件可分为单水位开关和多水位开关。

在波轮式洗衣机中使用的水位开关通常为单水位开关。该水位开关与进水电磁阀串联，当水位到达预定位置时，水位开关动作，进水工作停止。通过调整水位调节钮可以控制水位。

【水位开关的实物外形】

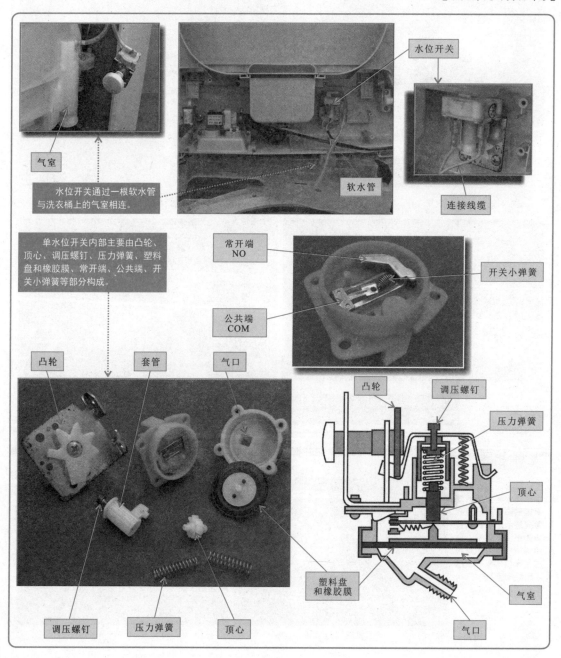

　　波轮式洗衣机进水系统中的水位开关和进水电磁阀均与操作控制电路部分关联，水位开关监测水位，产生相应信号，并将该信号送给操作控制电路，从而控制进水电磁阀的工作状态。

【进水系统的工作原理】

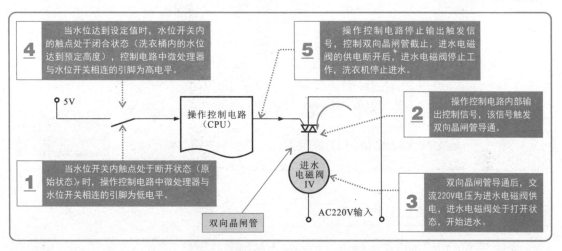

1. 进水电磁阀的工作原理

　　波轮式洗衣机的进水电磁阀主要有弯管式进水电磁阀和直体式进水电磁阀两种。

【弯管式进水电磁阀的工作原理】

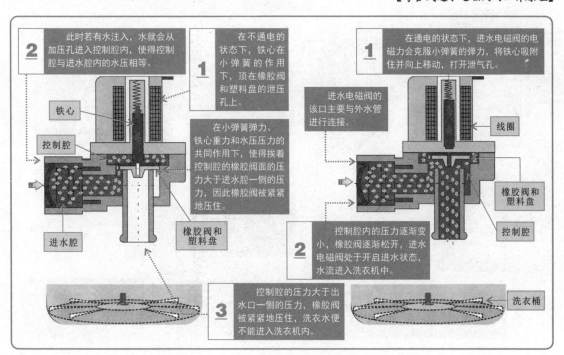

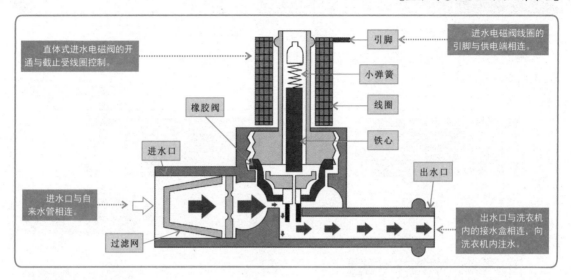

直体式进水电磁阀的开通与截止受线圈控制。

引脚

进水电磁阀线圈的引脚与供电端相连。

小弹簧

线圈

橡胶阀

铁心

进水口

出水口

进水口与自来水管相连。

出水口与洗衣机内的接水盒相连，向洗衣机内注水。

过滤网

2. 水位开关的工作原理

水位开关的功能是将洗衣桶内水位的压力转换为开关信号。

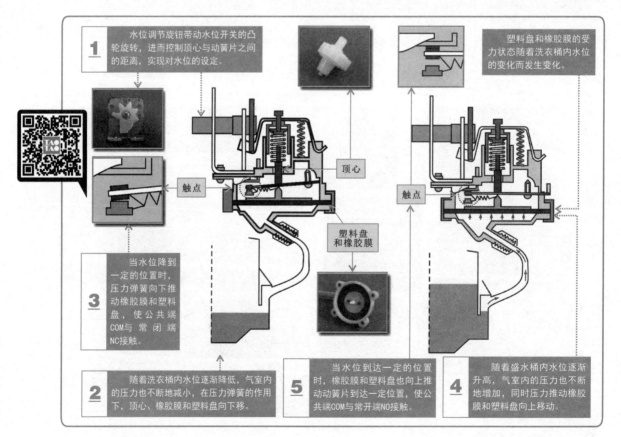

1 水位调节旋钮带动水位开关的凸轮旋转，进而控制顶心与动簧片之间的距离，实现对水位的设定。

塑料盘和橡胶膜的受力状态随着洗衣桶内水位的变化而发生变化。

触点

顶心

塑料盘和橡胶膜

触点

3 当水位降到一定的位置时，压力弹簧向下推动橡胶膜和塑料盘，使公共端COM与常闭端NC接触。

2 随着洗衣桶内水位逐渐降低，气室内的压力也不断地减小，在压力弹簧的作用下，顶心、橡胶膜和塑料盘向下移。

5 当水位到达一定的位置时，橡胶膜和塑料盘也向上推动动簧片到达一定位置，使公共端COM与常开端NO接触。

4 随着盛水桶内水位逐渐升高，气室内的压力也不断地增加，同时压力推动橡胶膜和塑料盘向上移动。

5.2.1 滚筒式洗衣机进水系统的结构

　　滚筒式洗衣机的进水系统通常位于滚筒式洗衣机背部的上端，将滚筒式洗衣机的上盖取下后，即可看到滚筒式洗衣机的进水系统。滚筒式洗衣机的进水系统主要是由进水电磁阀以及水位开关等构成的。

【滚筒式洗衣机的进水系统】

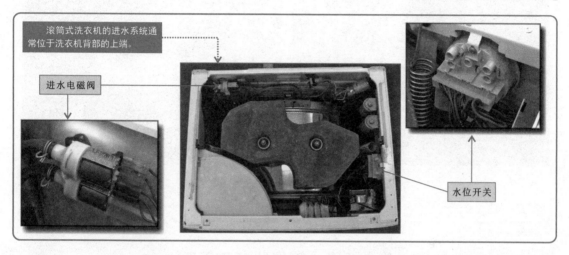

 1. 进水电磁阀

　　滚筒式洗衣机中的进水电磁阀是实现自动进水和自动停水功能的元器件，根据结构的不同主要分为双出水口进水电磁阀和多出水口进水电磁阀。

【进水电磁阀的实物外形】

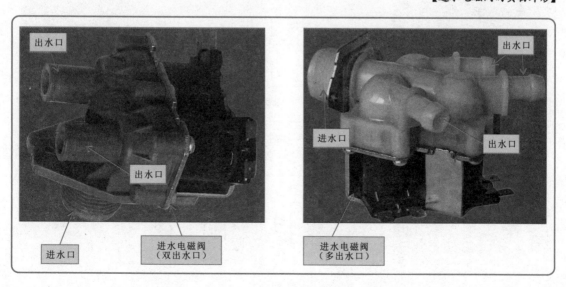

2. 水位开关

滚筒式洗衣机的水位开关通常安装在洗衣机箱体的内部，根据程序控制器的不同洗涤要求，对滚筒式洗衣机进行高、中、低水位的检测控制。

【水位开关的实物外形及内部结构】

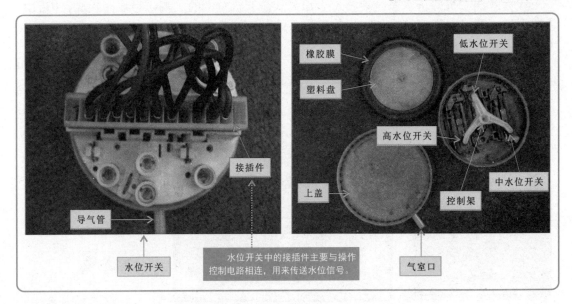

▶ 5.2.2 滚筒式洗衣机进水系统的工作原理 ≫

滚筒式洗衣机进水系统中，由操作控制电路对进水电磁阀进行控制，由水位开关对洗衣桶内的水位进行控制。

【滚筒式洗衣机进水系统的工作原理】

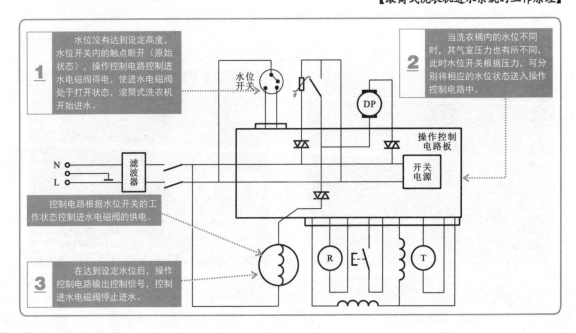

1. 进水电磁阀的工作原理

在滚筒式洗衣机进水系统中，进水电磁阀的工作过程主要受操作控制电路控制。进水电磁阀线圈的通断控制铁心的运动，从而实现对进水的控制。

滚筒式洗衣机的进水电磁阀在进水时，根据进水快慢的需求，主要分为两种控制方式，即单进水方式和双进水方式。

【进水电磁阀的工作原理】

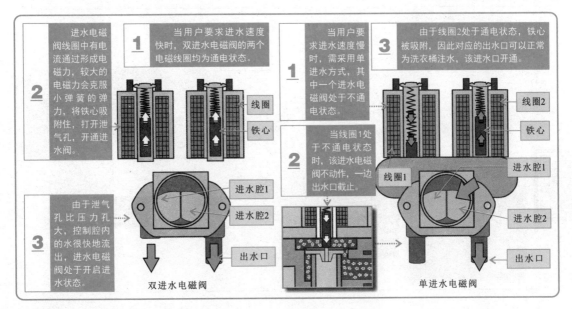

1 当用户要求进水速度快时，双进水电磁阀的两个电磁线圈均为通电状态。

2 进水电磁阀线圈中有电流通过形成电磁力，较大的电磁力会克服小弹簧的弹力，将铁心吸附住，打开泄气孔，开通进水阀。

3 由于泄气孔比压力孔大，控制腔内的水很快地流出，进水电磁阀处于开启进水状态。

线圈
铁心
进水腔1
进水腔2
出水口

双进水电磁阀

1 当用户要求进水速度慢时，需采用单进水方式，其中一个进水电磁阀处于不通电状态。

2 当线圈1处于不通电状态时，该进水电磁阀不动作，一边出水口截止。

线圈1

3 由于线圈2处于通电状态，铁心被吸附，因此对应的出水口可以正常为洗衣桶注水，该进水口开通。

线圈2
铁心
进水腔1
进水腔2
出水口

单进水电磁阀

 2. 水位开关的工作原理

滚筒式洗衣机中的水位开关通常为多水位开关，可以检测出低、中、高多个水位信息，并将水位信息传送到操作控制电路中，由控制电路对水位进行控制。

【水位开关的工作原理】

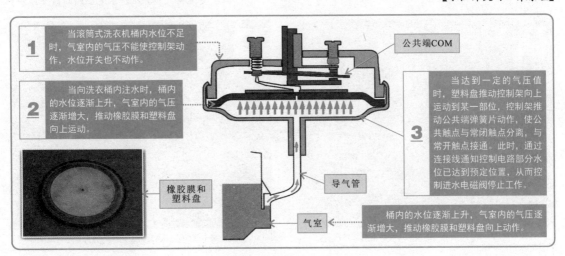

1 当滚筒式洗衣机桶内水位不足时，气室内的气压不能使控制架动作，水位开关也不动作。

2 当向洗衣桶内注水时，桶内的水位逐渐上升，气室内的气压逐渐增大，推动橡胶膜和塑料盘向上运动。

橡胶膜和
塑料盘

公共端COM

3 当达到一定的气压值时，塑料盘推动控制架向上运动到某一部位，控制架推动公共端弹簧片动作，使公共触点与常闭触点分离，与常开触点通。此时，通过连接线通知控制电路部分水位已达到预定位置，从而控制进水电磁阀停止工作。

导气管

气室

桶内的水位逐渐上升，气室内的气压逐渐增大，推动橡胶膜和塑料盘向上动作。

在波轮式洗衣机中，进水系统是整机洗涤工作的前提，进水系统中的任何一部分出现故障，均会使波轮式洗衣机不能正常洗涤。因此，在对该系统进行检修时，应根据进水系统的工作过程逐级进行检测，从而查找故障部位。

【波轮式洗衣机进水系统的检修流程】

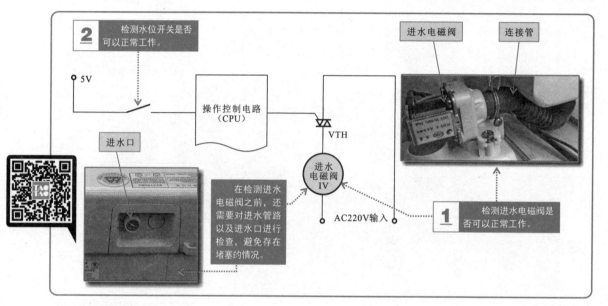

5.3.1 波轮式洗衣机进水电磁阀的检查与代换

在对进水电磁阀进行检查时，首先应对连接水管和进水口进行检查，检查连接水管和进水口是否存在堵塞、破损等现象。若进水管和进水口正常，则接下来应对进水电磁阀线圈的供电电压和电阻值进行检测。

【波轮式洗衣机进水电磁阀的检查方法】

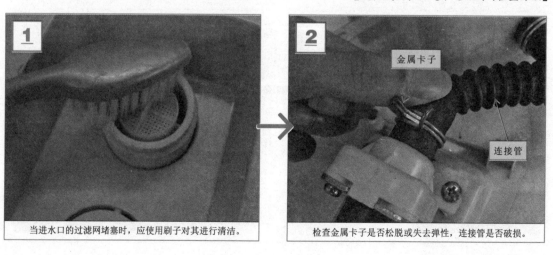

当进水口的过滤网堵塞时，应使用刷子对其进行清洁。

检查金属卡子是否松脱或失去弹性，连接管是否破损。

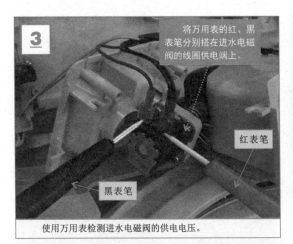

3

将万用表的红、黑表笔分别搭在进水电磁阀的线圈供电端上。

红表笔

黑表笔

使用万用表检测进水电磁阀的供电电压。

正常工作情况下，万用表测得的电压值为交流220V。

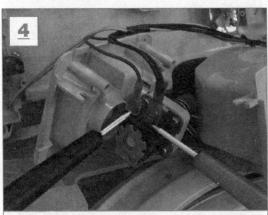

4

断开电源，使用万用表检测进水电磁阀线圈间的电阻值。

正常情况下，万用表测得的电阻值为4.9kΩ。

特别提醒

　　正常情况下，进水电磁阀供电引脚端的电压应为交流220V，内部线圈应有一定的电阻值。若检测均正常，但洗衣机仍不能进水，则应对其内部的机械部件进行检查，查看内部是否有老化、锈蚀和堵塞等现象。在对进水电磁阀内部部件进行检查时，应重点对橡胶阀进行检查。

橡胶阀

塑料盘

1 将橡胶阀拔开，检查橡胶阀是否出现老化现象。更换橡胶阀时应将与其相连的塑料盘一起更换。

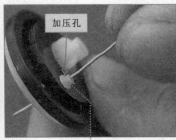

加压孔

2 使用缝衣针等利器检查塑料盘的加压孔是否被污物堵塞。

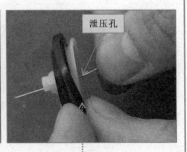

泄压孔

3 使用缝衣针等利器检查塑料盘的泄压孔是否被污物堵塞。

当确定进水电磁阀损坏且无法修复时，应对其进行代换，并且应当选择同型号、同规格的进水电磁阀进行代换。

代换时，应先将损坏的部件从洗衣机中拆下，再将新的进水电磁阀安装到原位置，连接好相应的连接线及连接管即可。

【波轮式洗衣机进水电磁阀的代换方法】

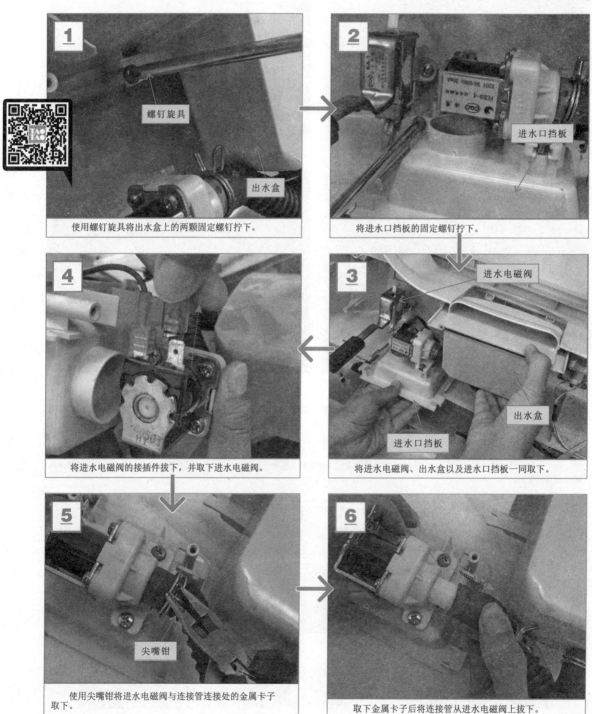

使用螺钉旋具将出水盒上的两颗固定螺钉拧下。

将进水口挡板的固定螺钉拧下。

将进水电磁阀的接插件拔下，并取下进水电磁阀。

将进水电磁阀、出水盒以及进水口挡板一同取下。

使用尖嘴钳将进水电磁阀与连接管连接处的金属卡子取下。

取下金属卡子后将连接管从进水电磁阀上拔下。

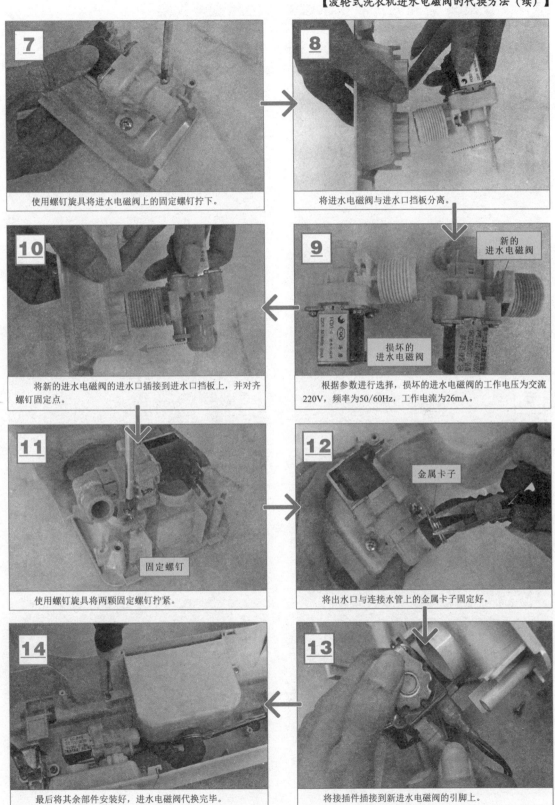

7 使用螺钉旋具将进水电磁阀上的固定螺钉拧下。

8 将进水电磁阀与进水口挡板分离。

10 将新的进水电磁阀的进水口插接到进水口挡板上，并对齐螺钉固定点。

9 新的进水电磁阀

损坏的进水电磁阀

根据参数进行选择，损坏的进水电磁阀的工作电压为交流220V，频率为50/60Hz，工作电流为26mA。

11 固定螺钉

使用螺钉旋具将两颗固定螺钉拧紧。

12 金属卡子

将出水口与连接水管上的金属卡子固定好。

14 最后将其余部件安装好，进水电磁阀代换完毕。

13 将接插件插接到新进水电磁阀的引脚上。

若进水电磁阀可以正常工作,但洗衣机仍不能正常进水,则应当继续对水位开关进行检查。当怀疑水位开关出现故障时,首先应对导气管、气室进行检查,然后使用万用表对水位开关的电阻值进行检测。

【水位开关的检查方法】

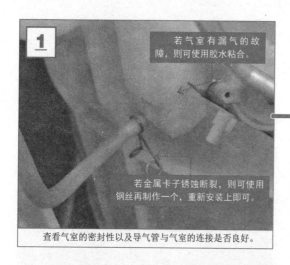

1 若气室有漏气的故障,则可使用胶水粘合。

若金属卡子锈蚀断裂,则可使用钢丝再制作一个,重新安装上即可。

查看气室的密封性以及导气管与气室的连接是否良好。

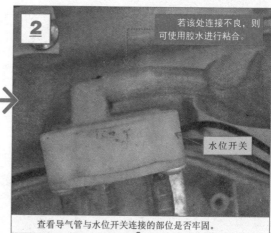

2 若该处连接不良,则可使用胶水进行粘合。

水位开关

查看导气管与水位开关连接的部位是否牢固。

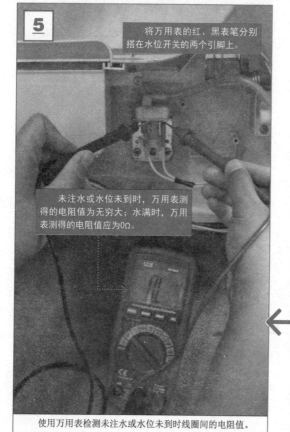

3 凸轮

调节水位旋钮,检查凸轮是否出现相应的位移。

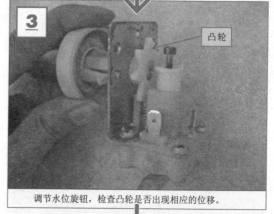

4 套管

按压套管,检查套管及弹簧是否灵敏。

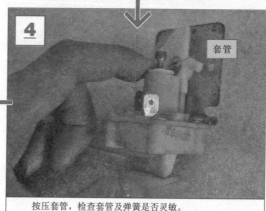

5 将万用表的红、黑表笔分别搭在水位开关的两个引脚上。

未注水或水位未到时,万用表测得的电阻值为无穷大;水满时,万用表测得的电阻值应为0Ω。

使用万用表检测未注水或水位未到时线圈间的电阻值。

在确定水位开关损坏且无法修复后，应当选择外形、大小、水位档位相同的水位开关进行代换。代换时，应先将损坏的部件从洗衣机中拆下，然后再进行代换。

【水位开关的代换方法】

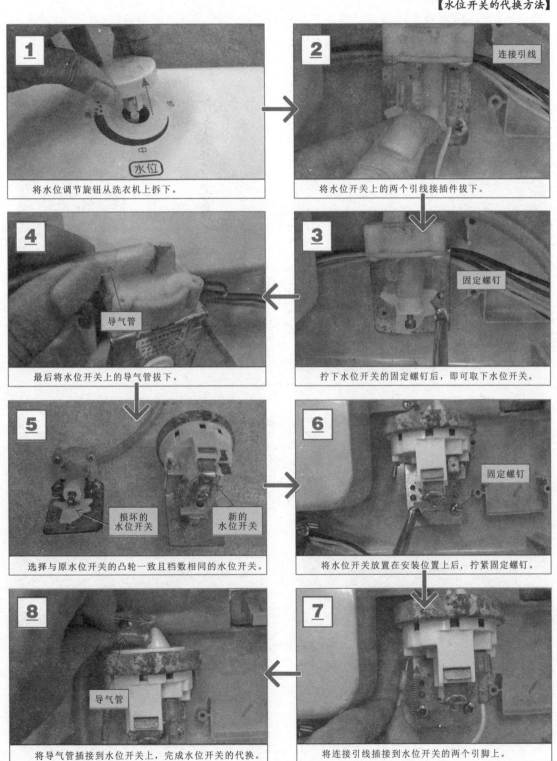

1 将水位调节旋钮从洗衣机上拆下。

2 连接引线
将水位开关上的两个引线接插件拔下。

3 固定螺钉
拧下水位开关的固定螺钉后，即可取下水位开关。

4 导气管
最后将水位开关上的导气管拔下。

5 损坏的水位开关　新的水位开关
选择与原水位开关的凸轮一致且档数相同的水位开关。

6 固定螺钉
将水位开关放置在安装位置上后，拧紧固定螺钉。

7 将连接引线插接到水位开关的两个引脚上。

8 导气管
将导气管插接到水位开关上，完成水位开关的代换。

5.4 滚筒式洗衣机进水系统的检修方法

在滚筒式洗衣机中，进水系统是提供洗涤水的部件。该系统中的任何一个功能部件出现故障，均会使滚筒式洗衣机不能进入洗涤状态，因此在对该进水系统进行检测时，应根据进水过程逐级进行检测。

【滚筒式洗衣机进水系统的检修流程】

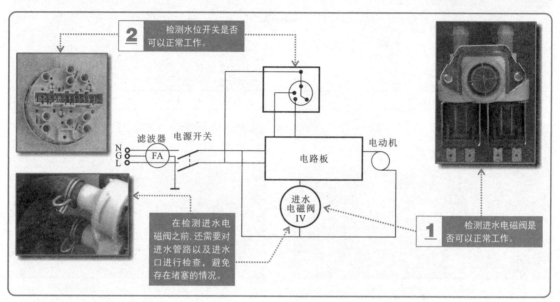

5.4.1 滚筒式洗衣机进水电磁阀的检查与代换

滚筒式洗衣机中的进水电磁阀通常为双路进水电磁阀。由于该部件需要与连接水管和物料盒相配合，因此在对其进行检查时，应先对连接管和物料盒进行检查，在确认连接管和物料盒正常后，需要再对进水电磁阀的供电电压、电阻值进行检测。

【滚筒式洗衣机进水电磁阀的检查方法】

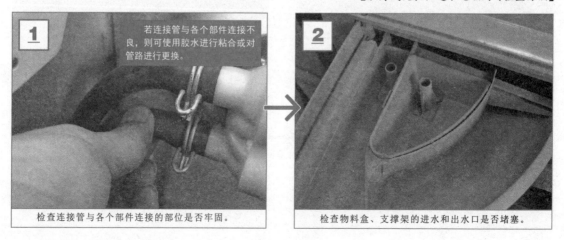

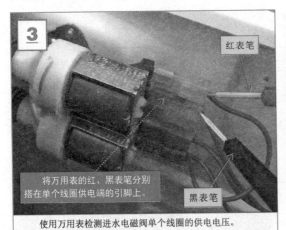

3

红表笔

将万用表的红、黑表笔分别
搭在单个线圈供电端的引脚上。

黑表笔

使用万用表检测进水电磁阀单个线圈的供电电压。

MODEL MF47-8
全保护·遥控器检测

正常情况下，万用表测得的电压值为交流
220V。

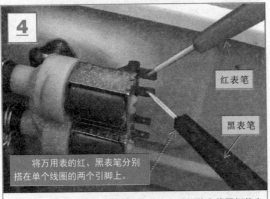

4

红表笔

将万用表的红、黑表笔分别
搭在单个线圈的两个引脚上。

黑表笔

断开电源，使用万用表检测进水电磁阀单个线圈间的电
阻值。

MODEL MF47-8
全保护·遥控器检测

正常情况下，万用表测得的电阻值约为4.3kΩ。

特别提醒

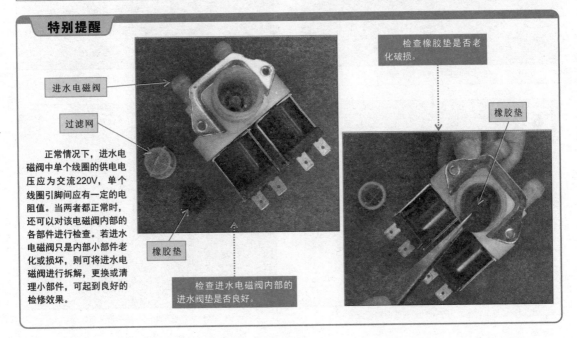

检查橡胶垫是否老
化破损。

进水电磁阀

过滤网

橡胶垫

正常情况下，进水电
磁阀中单个线圈的供电电
压应为交流220V，单个
线圈引脚间应有一定的电
阻值。当两者都正常时，
还可以对该电磁阀内部的
各部件进行检查。若进水
电磁阀只是内部小部件老
化或损坏，则可将进水电
磁阀进行拆解，更换或清
理小部件，可起到良好的
检修效果。

检查进水电磁阀内部的
进水阀垫是否良好。

橡胶垫

当确定进水电磁阀损坏且无法修复时，应进行代换。代换时可将损坏的进水电磁阀拆下，然后将同型号、同规格的进水电磁阀安装到原位置，并连接好相应的连接线及连接管即可。

【滚筒式洗衣机进水电磁阀的代换方法】

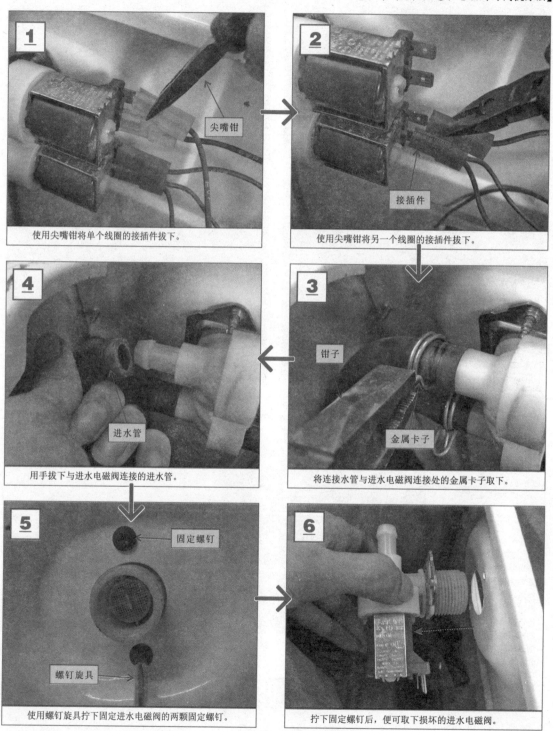

1 尖嘴钳
使用尖嘴钳将单个线圈的接插件拔下。

2 接插件
使用尖嘴钳将另一个线圈的接插件拔下。

4 进水管
用手拔下与进水电磁阀连接的进水管。

3 钳子　金属卡子
将连接水管与进水电磁阀连接处的金属卡子取下。

5 固定螺钉　螺钉旋具
使用螺钉旋具拧下固定进水电磁阀的两颗固定螺钉。

6
拧下固定螺钉后，便可取下损坏的进水电磁阀。

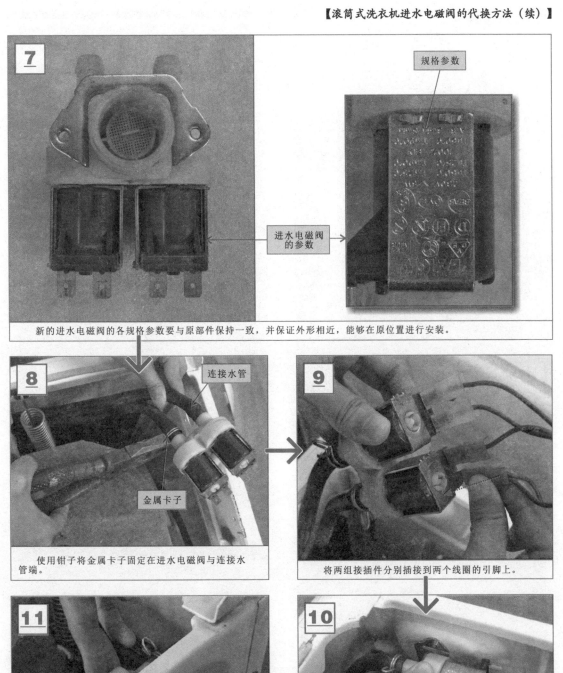

7 规格参数

进水电磁阀
的参数

新的进水电磁阀的各规格参数要与原部件保持一致，并保证外形相近，能够在原位置进行安装。

8 连接水管

金属卡子

使用钳子将金属卡子固定在进水电磁阀与连接水管端。

9

将两组接插件分别插接到两个线圈的引脚上。

11

洗衣机围框

拧紧两颗固定螺钉后，完成进水电磁阀的代换。

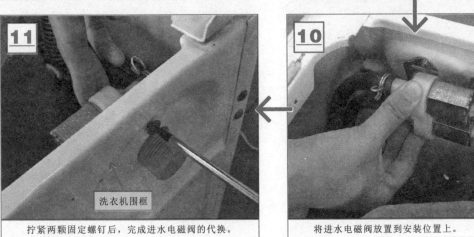

10

将进水电磁阀放置到安装位置上。

　　滚筒式洗衣机中进水电磁阀的线圈损坏后，除了对进水电磁阀进行整体代换外，还可将损坏的线圈拆下，使用规格参数相近的新线圈进行代换。

【滚筒式洗衣机进水电磁阀线圈的代换方法】

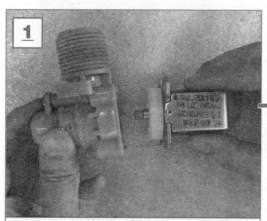

将适合的线圈从无故障的进水电磁阀上取下。

螺钉旋具

用一字槽螺钉旋具撬下进水电磁阀损坏的线圈部分。

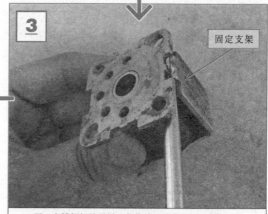

用一字槽螺钉旋具将损坏线圈的金属固定支架分离。

固定支架

用一字槽螺钉旋具撬开代换线圈的金属固定支架。

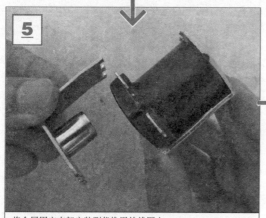

将金属固定支架安装到代换用的线圈上。

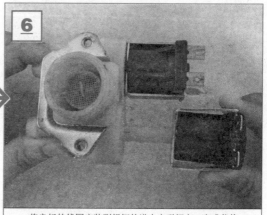

将良好的线圈安装到损坏的进水电磁阀上，完成代换。

当进水电磁阀可以正常工作，但滚筒式洗衣机仍不能正常进水或进水不止时，应当继续检查水位开关是否正常。

在对水位开关进行检查时，可使用万用表检查其内部各触点间的通断状态。检查前应先将水位开关从滚筒式洗衣机上拆卸下来。

【滚筒式洗衣机水位开关的拆卸方法】

首先使用螺钉旋具将固定水位开关的螺钉拧下。

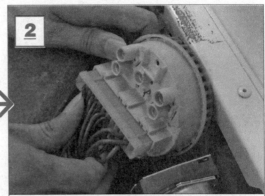

将水位开关与洗衣机围框分离。

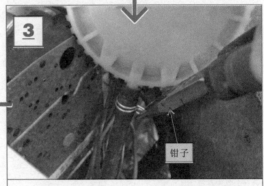

导气管

将导气管与水位开关分离。

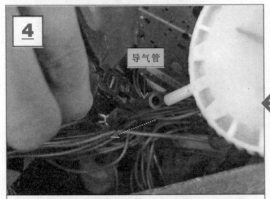

钳子

使用钳子将导气管与水位开关连接部位的金属卡子取下。

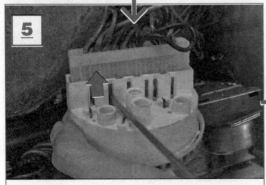

使用螺钉旋具，向上撬动与水位开关连接的接插件。

拔下水位开关的接插件，完成水位开关的拆卸。

取下水位开关后，即可以使用万用表分别检测水位开关内部各触点之间在不同状态下的电阻值。

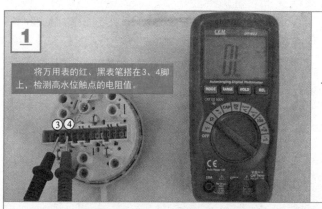

将万用表的红、黑表笔搭在3、4脚上，检测高水位触点的电阻值。

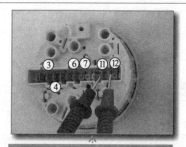

水位开关的3脚和4脚为高水位触点，11脚和12脚为中水位触点，6脚和7脚为低水位触点。

使用万用表分别检测水位开关在不同状态下（高水位、中水位、低水位）对应触点间的电阻值，正常情况下应为无穷大。

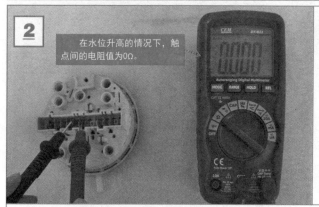

在水位升高的情况下，触点间的电阻值为0Ω。

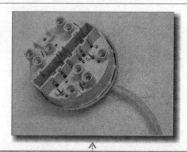

向水位开关中吹气，模拟水位升高时气压变大的效果，这时可以听到三声"咔"的声音，说明内部三组触点闭合。

向水位开关内吹气，模拟水位升高，再次对各触点进行检测，正常情况下，电阻值应为0Ω。

当滚筒式洗衣机水位开关损坏无法修复时，应进行代换。代换时应将同型号、同规格的水位开关安装到原位置，并连接好相应的接插件即可。

将接插件与新的水位开关进行连接，注意要插接牢固。

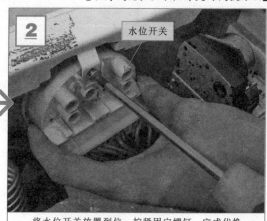

水位开关

将水位开关放置到位，拧紧固定螺钉，完成代换。

第6章

洗衣机洗涤系统的检修

 6.1 波轮式洗衣机洗涤系统的结构与工作原理

▶ **6.1.1 波轮式洗衣机洗涤系统的结构** ≫

波轮式洗衣机的洗涤系统位于波轮式洗衣机的中部，主要由波轮、洗衣桶、电动机、离合器、带轮和传动带构成。洗衣桶垂直放置，电动机和离合器位于洗衣桶下方。

【波轮式洗衣机洗涤系统的结构】

波轮式洗衣机洗涤系统中的波轮及脱水桶（内桶）位于洗衣机箱体内的中心。

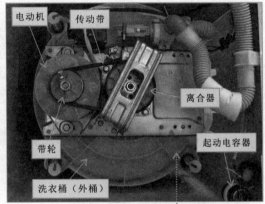
波轮式洗衣机中的离合器、电动机、传动带等位于波轮式洗衣机的底部。

 1. 波轮

波轮是波轮式洗衣机特有的部件，一般位于波轮式洗衣机的底部，通过螺钉固定在洗衣机内。波轮上有凸起程度不同的轮脊。在洗涤过程中，波轮做间歇式正、反转，使水流呈多方向流动，完成洗涤操作。

【波轮的结构】

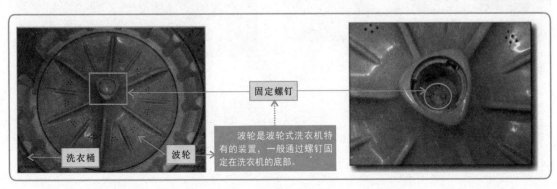
波轮是波轮式洗衣机特有的装置，一般通过螺钉固定在洗衣机的底部。

2. 洗衣桶

目前，市场上流行的波轮式洗衣机多采用套桶形式，洗衣桶主要由内桶（脱水桶）和外桶（盛水桶）两部分构成。其中，内桶（脱水桶）上带有平衡环组件，外桶（盛水桶）上带有桶圈和溢水管。

【洗衣桶的结构】

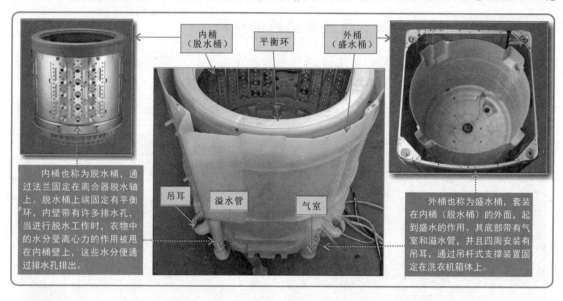

内桶也称为脱水桶，通过法兰固定在离合器脱水轴上。脱水桶上端固定有平衡环，内壁带有许多排水孔，当进行脱水工作时，衣物中的水分受离心力的作用被甩在内桶壁上，这些水分便通过排水孔排出。

内桶（脱水桶）　　平衡环　　外桶（盛水桶）

吊耳　　溢水管　　气室

外桶也称为盛水桶，套装在内桶（脱水桶）的外面，起到盛水的作用。其底部带有气室和溢水管，并且四周安装有吊耳，通过吊杆式支撑装置固定在洗衣机箱体上。

3. 电动机

波轮式洗衣机中使用的电动机一般为单相异步电动机，一般安装在洗衣机底部，在洗涤和脱水时为洗衣桶中的波轮和脱水桶（内桶）提供动力。

【电动机的结构】

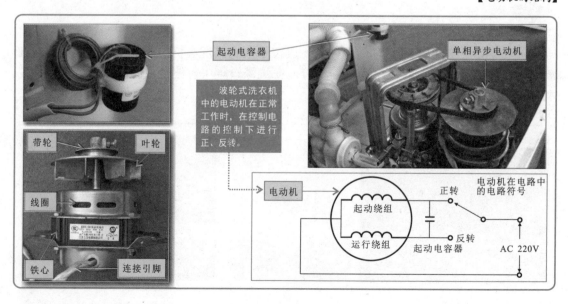

起动电容器　　　　　　单相异步电动机

波轮式洗衣机中的电动机在正常工作时，在控制电路的控制下进行正、反转。

带轮　　叶轮

线圈

铁心　　连接引脚

电动机　　　起动绕组　　运行绕组

正转　　反转

起动电容器

电动机在电路中的电路符号

AC 220V

4.离合器

离合器是波轮式洗衣机实现洗涤和脱水功能转换的主要部件。波轮式洗衣机在洗涤过程中，通过离合器波轮轴的旋转来实现波轮的旋转；当需要进行脱水工作时，离合器的脱水轴便会带动脱水桶高速旋转。

【离合器的结构】

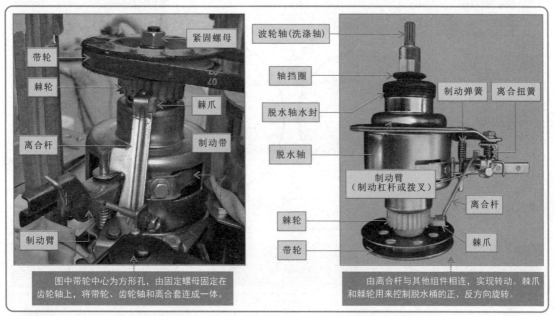

图中带轮中心为方形孔，由固定螺母固定在齿轮轴上，将带轮、齿轮轴和离合套连成一体。

由离合杆与其他组件相连，实现转动。棘爪和棘轮用来控制脱水桶的正、反方向旋转。

5.带轮和传动带

波轮式洗衣机中离合器和电动机之间转动力的传递是依靠传动带实现的。波轮式洗衣机的传动带分别连接电动机和离合器的带轮，通过传动带和带轮传递转矩。

【带轮和传动带的结构】

波轮式洗衣机是通过控制电动机的旋转，实现对离合器的控制，从而实现洗涤工作的。

【波轮式洗衣机洗涤系统的工作原理】

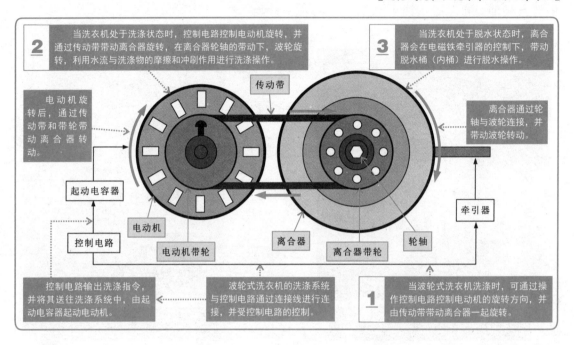

2 当洗衣机处于洗涤状态时，控制电路控制电动机旋转，并通过传动带带动离合器旋转，在离合器轮轴的带动下，波轮旋转，利用水流与洗涤物的摩擦和冲刷作用进行洗涤操作。

3 当洗衣机处于脱水状态时，离合器会在电磁铁牵引器的控制下，带动脱水桶（内桶）进行脱水操作。

电动机旋转后，通过传动带和带轮带动离合器转动。

传动带

离合器通过轮轴与波轮连接，并带动波轮转动。

起动电容器

电动机

电动机带轮

控制电路

离合器

离合器带轮

轮轴

牵引器

控制电路输出洗涤指令，并将其送往洗涤系统中，由起动电容器起动电动机。

波轮式洗衣机的洗涤系统与控制电路通过连接线进行连接，并受控制电路的控制。

1 当波轮式洗衣机洗涤时，可通过操作控制电路控制电动机的旋转方向，并由传动带带动离合器一起旋转。

 1. 电动机的工作过程

在单相异步电动机供电电路接通后，单相异步电动机通过起动电容器起动，同时通过带轮和传动带带动离合器运转。

【单相异步电动机的工作原理】

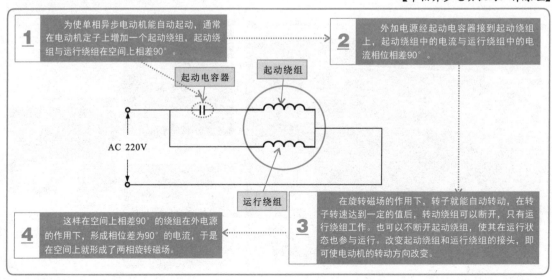

1 为使单相异步电动机能自动起动，通常在电动机定子上增加一个起动绕组，起动绕组与运行绕组在空间上相差90°。

2 外加电源经起动电容器接到起动绕组上，起动绕组中的电流与运行绕组中的电流相位相差90°。

起动电容器

起动绕组

AC 220V

运行绕组

4 这样在空间上相差90°的绕组在外电源的作用下，形成相位差为90°的电流，于是在空间上就形成了两相旋转磁场。

3 在旋转磁场的作用下，转子就能自动转动，在转子转速达到一定的值后，转动绕组可以断开，只有运行绕组工作。也可以不断开起动绕组，使其在运行状态也参与运行。改变起动绕组和运行绕组的接头，即可使电动机的转动方向改变。

2. 离合器的工作过程

在供电电路接通后，单相异步电动机通过起动电容器起动，同时通过带轮和传动带带动离合器运转。

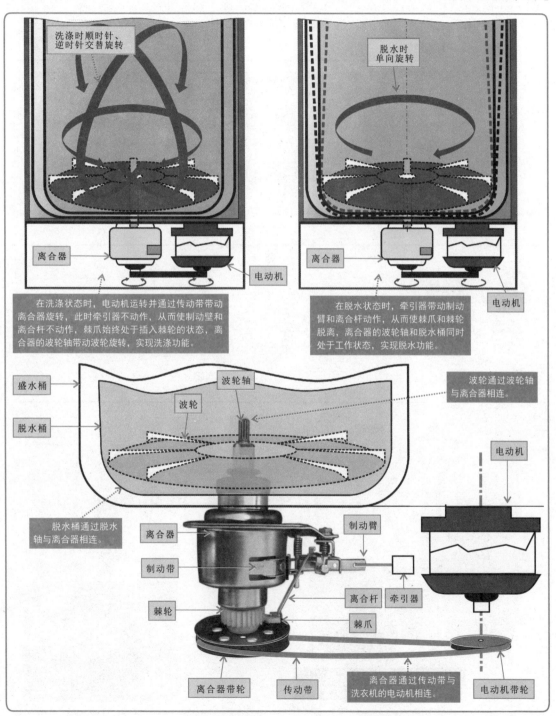

洗涤时顺时针、逆时针交替旋转

脱水时单向旋转

离合器

电动机

离合器

电动机

在洗涤状态时，电动机运转并通过传动带带动离合器旋转，此时牵引器不动作，从而使制动壁和离合杆不动作，棘爪始终处于插入棘轮的状态，离合器的波轮轴带动波轮旋转，实现洗涤功能。

在脱水状态时，牵引器带动制动臂和离合杆动作，从而使棘爪和棘轮脱离，离合器的波轮轴和脱水桶同时处于工作状态，实现脱水功能。

盛水桶

脱水桶

波轮

波轮轴

波轮通过波轮轴与离合器相连。

电动机

脱水桶通过脱水轴与离合器相连。

离合器

制动带

棘轮

制动臂

离合杆　牵引器

棘爪

离合器带轮　传动带

离合器通过传动带与洗衣机的电动机相连。

电动机带轮

6.2.1 滚筒式洗衣机洗涤系统的结构

滚筒式洗衣机的洗涤系统与波轮式洗衣机的洗涤系统有所区别。滚筒式洗衣机的洗涤系统主要由洗衣桶、电动机以及传动带等构成。

【滚筒式洗衣机洗涤系统的结构】

洗衣机正面　　　　　　　　洗衣机底部　　　　　　　　洗衣机背面

1. 洗衣桶

滚筒式洗衣机中的洗衣桶主要分为盛水桶（外桶）和洗衣桶/脱水桶（内桶）两部分。这两部分主要通过密封圈和固定卡环进行固定，以确保洗衣机在工作过程中可靠地工作。

【洗衣桶的拆解】

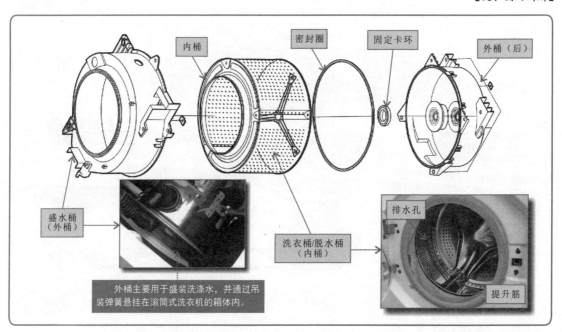

外桶主要用于盛装洗涤水，并通过吊装弹簧悬挂在滚筒式洗衣机的箱体内。

2.电动机

　　滚筒式洗衣机中的电动机位于洗衣桶的底部，多为电容运转式双速电动机，主要由外壳、带轮、前风扇、绕组接线端子等构成。起动电容器通常安装在滚筒式洗衣机的顶部，用于将起动电流加到电动机的起动绕组上，帮助电动机起动。

【电动机的内部结构】

　　电动机　　前风扇　　外壳

　　带轮　　绕组接线端

　　起动电容器

 3.带轮、传动带

　　滚筒式洗衣机中滚筒旋转的动力来源于电动机，并且也是依靠传动带和带轮进行传递的。滚筒式洗衣机的传动带分别连接电动机的带轮和洗衣桶的带轮，通过传动带和带轮传递力矩。通常滚筒式洗衣机的传动带呈扁平状，其内部带有一些纹路。

【带轮和传动带的结构】

　　电动机带轮

　　传动带

　　洗衣桶带轮

　　通常滚筒式洗衣机的传动带呈扁平状，其内部带有一些纹路。

　　滚筒式洗衣机的传动带分别连接电动机的带轮和洗衣桶的带轮，通过带轮和传动带传递力矩。

　　滚筒式洗衣机常采用电容运转式双速电动机。该电动机的内部装有两套绕组，同在一个定子铁心上，分别为12极低速绕组和2极高速绕组。在洗涤过程中，12极低速绕组工作，带动滚筒洗涤衣物；在脱水过程中，2极高速绕组工作，带动滚筒高速运转，甩出衣物中的水。

【滚筒式洗衣机洗涤系统的工作原理】

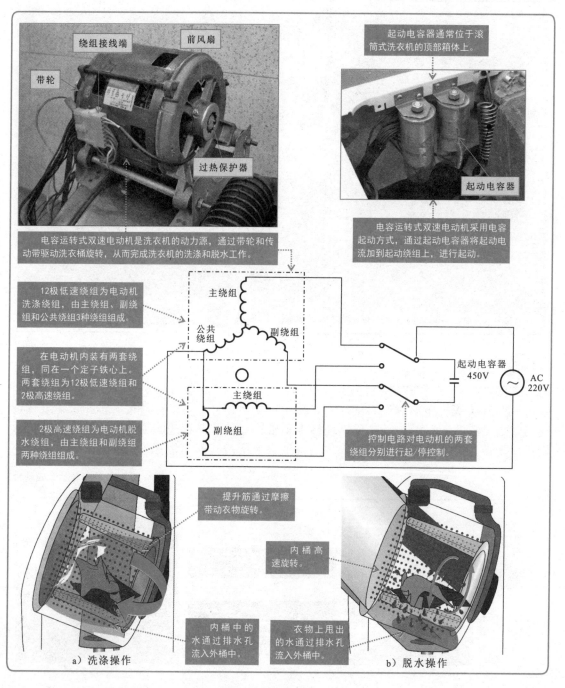

绕组接线端　　前风扇

带轮

过热保护器

起动电容器通常位于滚筒式洗衣机的顶部箱体上。

起动电容器

电容运转式双速电动机是洗衣机的动力源，通过带轮和传动带驱动洗衣桶旋转，从而完成洗衣机的洗涤和脱水工作。

电容运转式双速电动机采用电容起动方式，通过起动电容器将起动电流加到起动绕组上，进行起动。

12极低速绕组为电动机洗涤绕组，由主绕组、副绕组和公共绕组3种绕组组成。

在电动机内装有两套绕组，同在一个定子铁心上。两套绕组为12极低速绕组和2极高速绕组。

2极高速绕组为电动机脱水绕组，由主绕组和副绕组两种绕组组成。

主绕组

公共绕组　　副绕组

主绕组

副绕组

起动电容器 450V

AC 220V

控制电路对电动机的两套绕组分别进行起/停控制。

提升筋通过摩擦带动衣物旋转。

内桶高速旋转。

内桶中的水通过排水孔流入外桶中。

衣物上甩出的水通过排水孔流入外桶中。

a）洗涤操作　　　　　　　　　b）脱水操作

6.3.1 波轮式洗衣机带轮和传动带的检查与调整

当怀疑波轮式洗衣机的洗涤系统出现故障时，首先应对带轮和传动带进行检查及调整。为了便于检查，可将波轮式洗衣机翻转，使其底部向上，然后检查传动带在单相异步电动机带轮与离合器带轮之间的距离是否改变、传动带是否老化、带轮上的紧固螺母是否松动等。若出现上述故障，则需要及时调整及更换有问题的部件。

【波轮式洗衣机带轮的检查和调整】

检查带轮上的紧固螺母是否松动。

检查传动带与带轮之间的关联是否良好，若发现传动带偏移，则应及时将偏移的传动带与带轮校正好。

更换传动带或校正带轮后，应注意传动带的张紧度，以5mm为宜。

用手传送传动带，若传动带转动而带轮不转，则说明传动带磨损严重，与带轮之间无法产生摩擦力，需对其进行更换。

特别提醒

在电动机带轮与离合器带轮终点处按压传动带。按压点与传动带恢复正常时的间隔距离以5mm为宜。

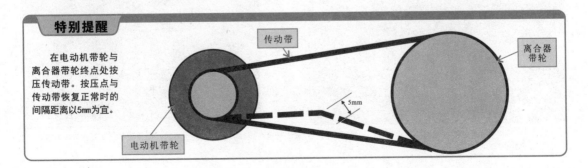

　　若波轮式洗衣机中的带轮和传动带均正常，但故障依然没有排除，则需要进一步对离合器进行检查。离合器出现故障后，多表现为洗衣机不能洗涤和脱水。在对波轮式洗衣机的离合器进行检查时，一旦发现故障，就需要寻找可替代的离合器进行代换。

1. 对离合器进行检查

　　检查离合器是否正常时，可以模拟离合器在波轮式洗衣机不同工作状态下的动作是否正常。

【模拟洗涤状态检查离合器】

模拟洗衣机处于洗涤状态，检查棘爪是否插入棘轮内。

转动传动带，检查离合器上的带轮转动是否正常。

　　顺时针转动波轮，检查波轮转动是否良好，若良好，则检查脱水桶是否跟转。若脱水桶不跟转，则说明扭簧装置良好；若脱水桶跟转，则说明扭簧装置不良。

　　逆时针转动波轮，检查波轮转动是否良好，若良好，则检查脱水桶是否跟转。若脱水桶不跟转，则说明制动装置良好；若脱水桶跟转，则说明制动装置不良。

棘轮

棘爪

制动臂

若发现制动臂工作不协调，则需要重新调节挡块和制动臂之间的距离。

检查制动臂、棘爪与棘轮之间的动作是否协调。

棘爪

>2.0mm

棘轮

制动臂

在脱水过程中检查棘爪是否正常打开，且要求棘爪与棘轮的间距大于2.0mm。

检查棘轮和棘爪表面磨损是否严重。

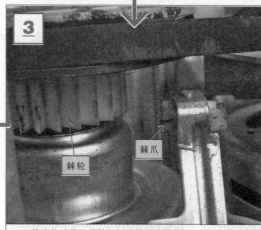

带轮

脱水状态

检查带轮上的紧固螺母是否松动。

棘轮

棘爪

检查传动带与带轮之间的关联是否良好，若发现传动带偏移，则应及时将偏移的传动带与带轮校正好。

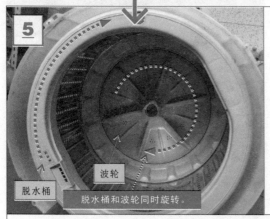

波轮

脱水桶

脱水桶和波轮同时旋转。

波轮轴和脱水轴关联良好。

检查波轮轴和脱水桶是否跟着带轮同时转动，若同时转动，则说明脱水轴和波轮轴之间关联良好。

2. 对离合器进行代换

若离合器损坏，则需要对离合器进行拆卸代换。首先，拆卸已损坏的离合器。

【离合器的拆卸】

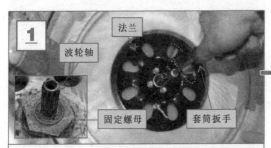

1 波轮轴　法兰　固定螺母　套筒扳手

将套筒扳手套在离合器的波轮轴上，逆时针方向旋转，将固定在法兰上的螺母拧下。

2 外桶支架　呆扳手

将洗衣机翻转过来（外桶组件反扣在地上），使用呆扳手将固定在外桶支架上的4颗固定螺母拧下。

4 固定底板　离合器

拆卸离合器四周的固定螺母，将离合器从固定底板上取下。

3 外桶支架　固定底板　离合器

轻轻向上提外桶支架，将外桶支架从固定底板上取下。

损坏的离合器拆下后，选用同规格型号的离合器重新安装连接。

【离合器的代换】

1 良好的离合器

找一台与故障离合器型号相同的离合器，在其密封圈周边涂上适量的润滑油，并将离合器限位垫片的位置调整好。

2 限位垫片　密封圈

在安装过程中为了避免垫片脱落，最好将垫片安装在离合器的轴槽内，并旋转45°。

4 外桶支架　固定底板

将外桶支架的螺孔对准后，使用固定螺母将外桶支架固定在固定支架上。离合器代换完毕。

3 良好的离合器　固定底板

将良好的离合器放回原来的位置，使离合器的螺孔对准固定支架的螺孔，然后拧上固定螺母。

起动电容器正常工作是波轮式洗衣机单相异步电动机正常运行的基本条件之一。当单相异步电动机不起动或起动后转速明显偏慢时，应对起动电容器进行检查，若诊断为起动电容器故障，应对损坏的起动电容器进行拆卸代换。

 1. 对起动电容器进行检查

检查起动电容器时，应先观察其表面有无明显的烧焦、漏液、变形等现象，若从外观无法观测到，再通过万用表检测起动电容器的电容量来进行判断。

【起动电容器的检查】

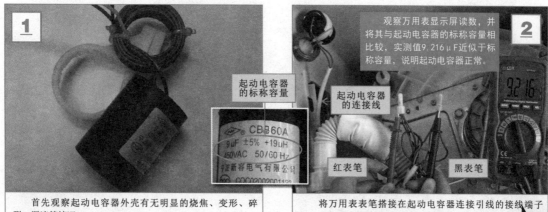

1 观察万用表显示屏读数，并将其与起动电容器的标称容量相比较，实测值9.216μF近似于标称容量，说明起动电容器正常。

起动电容器的标称容量

CB860A
9μF ±5% +19μH
450VAC 50/60 Hz

起动电容器的连接线

红表笔　黑表笔

首先观察起动电容器外壳有无明显的烧焦、变形、碎裂、漏液等情况。

将万用表表笔搭接在起动电容器连接引线的接线端子处，对起动电容器的电容量进行检测。

 2. 对起动电容器进行代换

若经过检测确定故障原因为洗涤系统中的起动电容器本身损坏，则需要对损坏的起动电容器进行代换，在代换之前需要将损坏的起动电容器取下。

【起动电容器的拆卸】

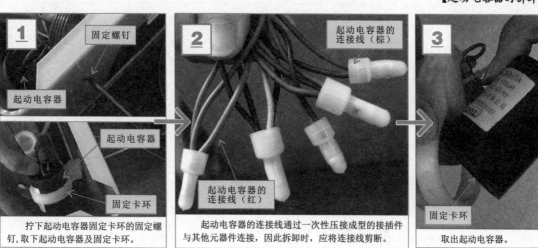

1 固定螺钉

起动电容器

起动电容器

固定卡环

拧下起动电容器固定卡环的固定螺钉，取下起动电容器及固定卡环。

2 起动电容器的连接线（棕）

起动电容器的连接线（红）

起动电容器的连接线通过一次性压接成型的接插件与其他元器件连接，因此拆卸时，应将连接线剪断。

3 固定卡环

取出起动电容器。

将损坏的起动电容器拆下后，接下来需要寻找可替代的起动电容器进行代换。

【起动电容器的代换】

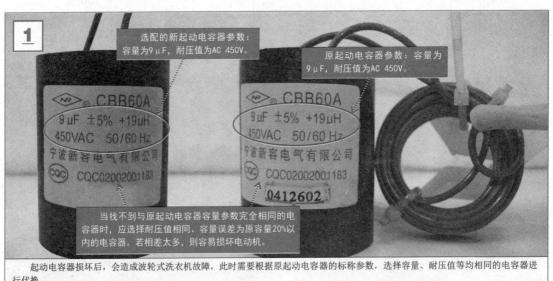

1

选配的新起动电容器参数：
容量为9μF，耐压值为AC 450V。

原起动电容器参数：容量为
9μF，耐压值为AC 450V。

CBB60A
9μF ±5% +19μH
450VAC 50/60 Hz
宁波新容电气有限公司
CQC CQC02002001183

CBB60A
9μF ±5% +19μH
450VAC 50/60 Hz
宁波新容电气有限公司
CQC CQC02002001183
0412602

当找不到与原起动电容器容量参数完全相同的电
容器时，应选择耐压值相同、容量误差为原容量20%以
内的电容器。若相差太多，则容易损坏电动机。

起动电容器损坏后，会造成波轮式洗衣机故障，此时需要根据原起动电容器的标称参数，选择容量、耐压值等均相同的电容器进
行代换。

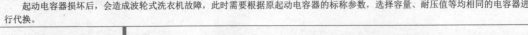

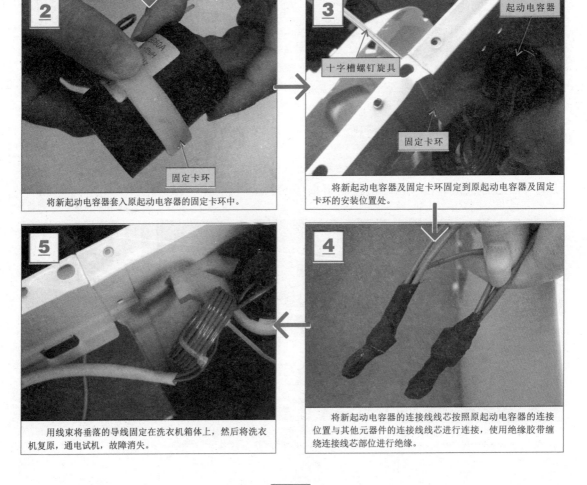

2

固定卡环

将新起动电容器套入原起动电容器的固定卡环中。

3

起动电容器

十字槽螺钉旋具

固定卡环

将新起动电容器及固定卡环固定到原起动电容器及固定
卡环的安装位置处。

5

用线束将垂落的导线固定在洗衣机箱体上，然后将洗衣
机复原，通电试机，故障消失。

4

将新起动电容器的连接线线芯按照原起动电容器的连接
位置与其他元器件的连接线线芯进行连接，使用绝缘胶带缠
绕连接线线芯部位进行绝缘。

单相异步电动机是波轮式洗衣机中的核心部件。在起动电容器正常的前提下，若单相异步电动机不转或转速异常，则需对单相异步电动机进行检查，一旦发现故障，就需要寻找同规格的电动机进行代换。

1. 对单相异步电动机进行检查

在对波轮式洗衣机中的单相异步电动机进行检查时，首先需要明确电动机三根引线的功能（即区分起动端、运行端和公共端），在实际检查时，维修人员一般可根据单相异步电动机的铭牌标识进行区分。

【根据铭牌标识区分单相异步电动机三根引线的功能】

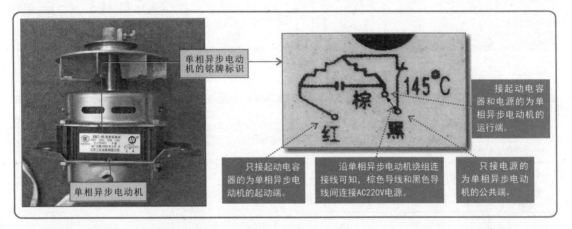

单相异步电动机的铭牌标识

接起动电容器和电源的为单相异步电动机的运行端。

只接起动电容器的为单相异步电动机的起动端。

沿单相异步电动机绕组连接接线可知，棕色导线和黑色导线间连接AC220V电源。

只接电源的为单相异步电动机的公共端。

单相异步电动机

在判断单相异步电动机是否损坏时，可通过万用表对单相异步电动机各绕组的电阻值进行检测，通过电阻值来判断单相异步电动机是否出现故障。

【单相异步电动机的检查】

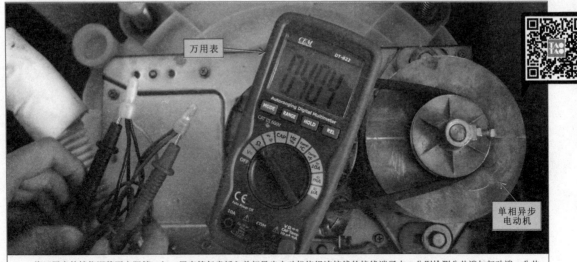

万用表

单相异步电动机

将万用表的档位调整至电阻档，红、黑表笔任意插入单相异步电动机绕组连接线的接线端子中，分别检测公共端与起动端、公共端与运行端、起动端与运行端之间的电阻值。

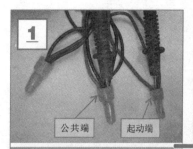

公共端　起动端

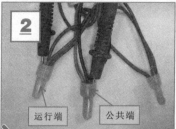

运行端　公共端

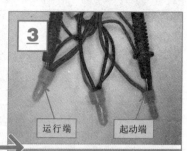

运行端　起动端

测得公共端与起动端之间的电阻值为40.4Ω。

测得公共端与运行端之间的电阻值为39Ω。

测得起动端与运行端之间的电阻值为79.2Ω。

特别提醒

在正常情况下，起动端与运行端之间的电阻值约等于公共端与起动端之间的电阻值加上公共端与运行端之间的电阻值。

若检测时发现某两个引线端的电阻值趋于无穷大，则说明绕组中有断路情况；若三组数值间不满足上述等式关系，则说明单相异步电动机的绕组间可能存在短路等情况，应更换电动机。

2. 对单相异步电动机进行代换

　　若经过检测确定故障原因为单相异步电动机本身损坏，则需要对损坏的单相异步电动机进行代换，在代换之前需要将损坏的单相异步电动机取下。

【单相异步电动机的拆卸】

呆扳手

单相异步电动机

使用呆扳手将单相异步电动机一侧的固定螺栓拧松。

固定螺栓

取下拧松的固定螺栓。

塑料垫片

取下固定螺栓底部的塑料垫片。

离合器

单相异步电动机带轮

向离合器侧推动单相异步电动机，将传动带从电动机带轮上取下。

使用同样的方法将单相异步电动机另一侧的固定螺栓、塑料垫片取下。

离合器
带轮

将传动带从离合器带轮上取下。

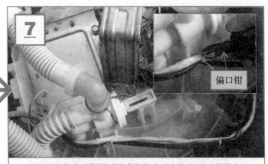

偏口钳

单相异步电动机通过线束捆扎在洗衣机外桶及箱体上。
使用偏口钳将固定单相异步电动机的线束剪断。

单相异步
电动机

从洗衣机底部取出单相异步电动机，使电动机与洗衣机
彻底分离。

单相异步
电动机连接线

单相异步电动机的连接线通过一次性压接成型的接插件与
其他元器件进行连接。

特别提醒

使用偏口钳沿接插件
根部剪断单相异步电动机
的连接线。

　　将损坏的单相异步电动机拆下后，接下来需要寻找可替代的良好的单相异步电动机
进行代换。

【单相异步电动机的代换】

良好的单相异步电动机应根据以下参数
进行选择：额定电压为220V，频率为50Hz，
额定功率为90W，额定电流为0.9A，绝缘等级
为B级，起动电容器为9μF/500V。

由电动机的电气接线
图可看出电动机线圈的接
线方式及输出引线的颜色
和类型。

单相异步电动机
的型号：XDT-90

XDT-90 洗衣机电机
220V 50Hz 90W 0.9A
A004810 9μF/500V B级
出厂日期 2005 年 1 月 日
江苏三江电器制造公司

单相异步
电动机

拆下损坏的单相异步电动机后，应根据原单相异步电动机的铭牌标识，选择型号、额定电压、额定频率、额定功率、极数等规
格参数相同的电动机进行代换。

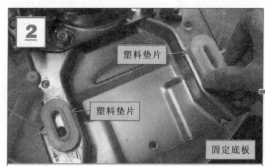

将两个较厚的塑料垫片分别放置在固定支架的两个电动机固定孔上。

将电动机放置到固定底板上，使其固定孔套入塑料垫片。

将传动带套在离合器带轮上。

将另外两个较薄的塑料垫片分别放置在电动机的两个固定孔上，使其与底部的塑料垫片正常啮合。

向离合器侧推动单相异步电动机，将传动带套在电动机带轮上。

将两个固定螺栓分别放入电动机的固定孔中。

将新单相异步电动机的连接线线芯按照原电动机的连接位置与其他元器件的连接线线芯进行连接，并使用绝缘胶带缠绕连接线芯部位进行绝缘。

使用呆扳手将单相异步电动机两侧的固定螺栓拧紧。

6.4 滚筒式洗衣机洗涤系统的检修方法

6.4.1 滚筒式洗衣机带轮和传动带的检查与调整

当滚筒式洗衣机的洗涤系统出现故障时，可先对传动带和带轮等部件进行检查。

【滚筒式洗衣机带轮和传动带的检查与调整】

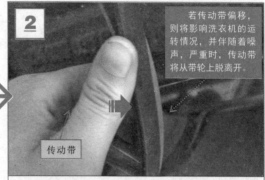

紧固螺母

带轮上的固定螺钉用于紧固洗衣桶带轮，若其松动，则带轮将不稳固，洗衣机将不能带动洗衣桶运转。

检查带轮上的紧固螺母是否松动，若发现松动，则应将其拧紧，并校正带轮。

若传动带偏移，则将影响洗衣机的运转情况，并伴随着噪声，严重时，传动带将从带轮上脱离开。

传动带

检查传动带与带轮之间的关联、传动及张紧度是否良好，如位置不当，则应及时调整；如出现老化，则需更换。

6.4.2 滚筒式洗衣机起动电容器的检查与代换

若滚筒式洗衣机中带轮和传动带都正常，但故障仍然存在，则需要对起动电容器进行检查。若起动电容器损坏，应使用良好的起动电容器进行代换。

1. 对起动电容器进行检查

为了便于对起动电容器进行检查，应先将起动电容器从滚筒式洗衣机上取下。

【起动电容器的拆卸】

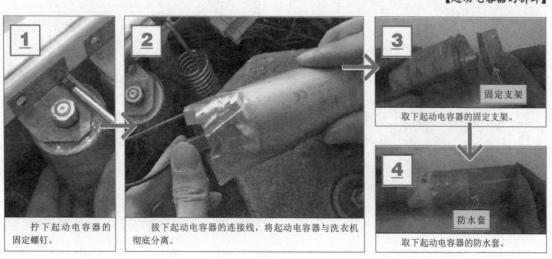

拧下起动电容器的固定螺钉。

拔下起动电容器的连接线，将起动电容器与洗衣机彻底分离。

取下起动电容器的固定支架。

固定支架

取下起动电容器的防水套。

防水套

取下起动电容器后，应先观察起动电容器表面是否有明显损坏的痕迹。若从表面无法观测到损坏痕迹，则需使用万用表进行检测判断。

【起动电容器的检查】

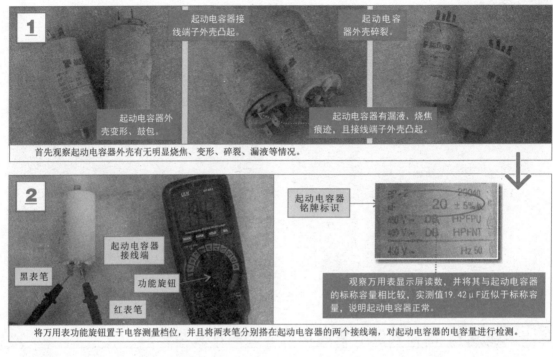

1 起动电容器接线端子外壳凸起。 起动电容器外壳碎裂。

起动电容器外壳变形、鼓包。 起动电容器有漏液、烧焦痕迹，且接线端子外壳凸起。

首先观察起动电容器外壳有无明显烧焦、变形、碎裂、漏液等情况。

2 起动电容器接线端

黑表笔 功能旋钮

红表笔

起动电容器铭牌标识

观察万用表显示屏读数，并将其与起动电容器的标称容量相比较，实测值19.42μF近似于标称容量，说明起动电容器正常。

将万用表功能旋钮置于电容测量档位，并且将两表笔分别搭在起动电容器的两个接线端，对起动电容器的电容量进行检测。

 2. 对起动电容器进行代换

在确定起动电容器损坏后，接下来需要寻找可替代的起动电容器进行代换。

【起动电容器的代换】

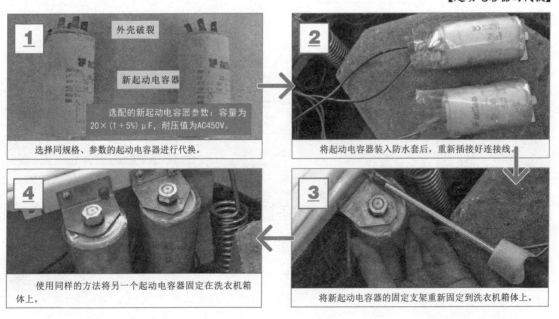

1 外壳破裂

新起动电容器

选配的新起动电容器参数：容量为 $20 \times (1+5\%) \mu F$，耐压值为AC450V。

选择同规格、参数的起动电容器进行代换。

2 将起动电容器装入防水套后，重新插接好连接线。

4 使用同样的方法将另一个起动电容器固定在洗衣机箱体上。

3 将新起动电容器的固定支架重新固定到洗衣机箱体上。

6.4.3 滚筒式洗衣机双速电动机的检查与代换

电容运转式双速电动机（以下简称双速电动机）是滚筒式洗衣机的核心部件。在起动电容器正常的前提下，若双速电动机不转或转速异常，则需通过万用表对双速电动机进行检查。若经检查确定双速电动机损坏，则应及时对其进行代换。

1. 对双速电动机进行检查

为了便于对双速电动机进行检查，应先将其从洗衣机上拆卸下来。

【双速电动机的拆卸】

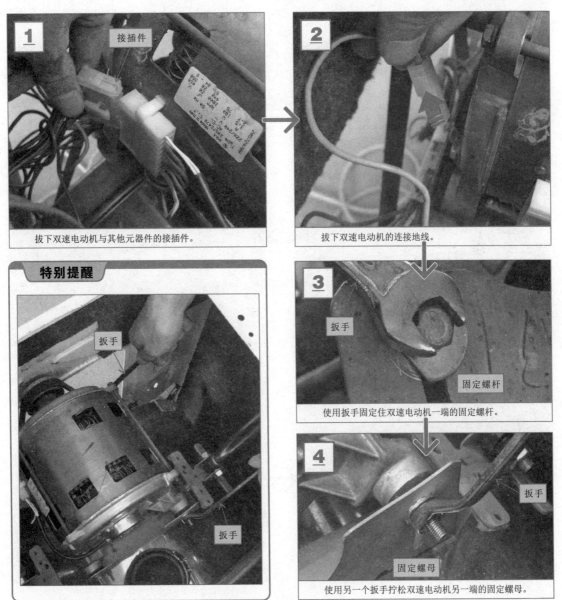

1 接插件

拔下双速电动机与其他元器件的接插件。

2

拔下双速电动机的连接地线。

特别提醒

扳手

扳手

3 扳手

固定螺杆

使用扳手固定住双速电动机一端的固定螺杆。

4

扳手

固定螺母

使用另一个扳手拧松双速电动机另一端的固定螺母。

5

固定螺母端

固定螺杆端

一只手在一端旋拧已松动的固定螺母，另一只手在另一端向外抽出固定螺杆。

6

扳手

扳手

使用同样的方法拧下双速电动机另一侧的固定螺母。

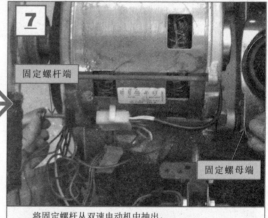

7

固定螺杆端

固定螺母端

将固定螺杆从双速电动机中抽出。

9

双速电动机

从洗衣机中取出双速电动机。

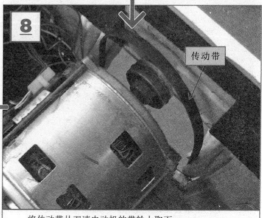

8

传动带

将传动带从双速电动机的带轮上取下。

拆下双速电动机后，便可对其进行检查，主要通过检测电动机各绕组之间的电阻值及其过热保护器的电阻值来判断电动机是否损坏。

【双速电动机的检查】

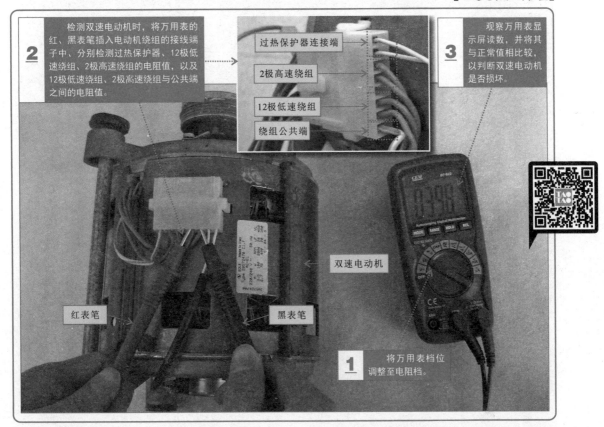

2 检测双速电动机时，将万用表的红、黑表笔插入电动机绕组的接线端子中，分别检测过热保护器、12极低速绕组、2极高速绕组的电阻值，以及12极低速绕组、2极高速绕组与公共端之间的电阻值。

过热保护器连接端
2极高速绕组
12极低速绕组
绕组公共端

3 观察万用表显示屏读数，并将其与正常值相比较，以判断双速电动机是否损坏。

双速电动机

红表笔

黑表笔

1 将万用表档位调整至电阻档。

【双速电动机过热保护器电阻值的检测】

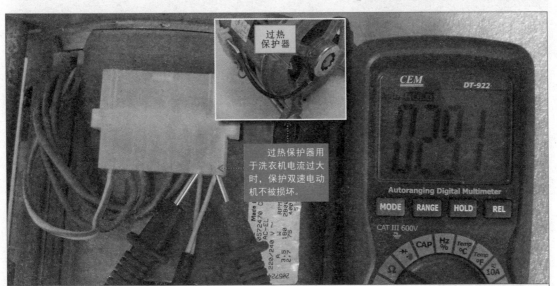

过热保护器

过热保护器用于洗衣机电流过大时，保护双速电动机不被损坏。

将万用表的红、黑表笔分别插入过热保护器的两个接线端，正常情况下可测得29.1Ω的电阻值。若实际检测中电阻值为无穷大、0Ω或与正常值偏差较大，均说明过热保护器损坏。

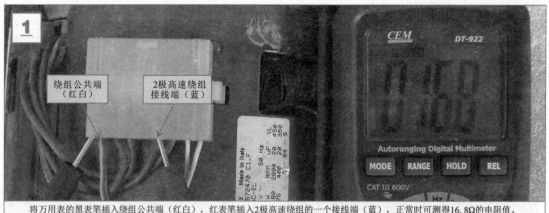

将万用表的黑表笔插入绕组公共端（红白），红表笔插入2极高速绕组的一个接线端（蓝），正常时可测得16.8Ω的电阻值。

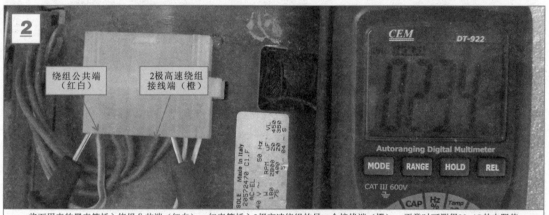

将万用表的黑表笔插入绕组公共端（红白），红表笔插入2极高速绕组的另一个接线端（橙），正常时可测得23.4Ω的电阻值。

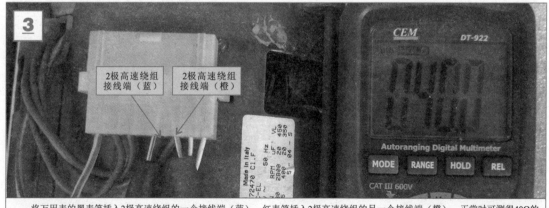

将万用表的黑表笔插入2极高速绕组的一个接线端（蓝），红表笔插入2极高速绕组的另一个接线端（橙），正常时可测得40Ω的电阻值。

特别提醒

正常情况下，2极高速绕组之间的电阻值约等于2极高速绕组分别与绕组公共端之间的电阻值之和。若检测时发现某对电阻值趋于无穷大，则说明绕组中有断路情况；若三组数值间不满足等式关系，则说明双速电动机的2极高速绕组可能存在绕组间短路等情况，应更换电动机。

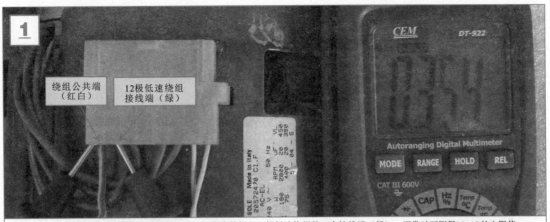

将万用表的黑表笔插入绕组公共端（红白），红表笔插入12极低速绕组的一个接线端（绿），正常时可测得35.4Ω的电阻值。

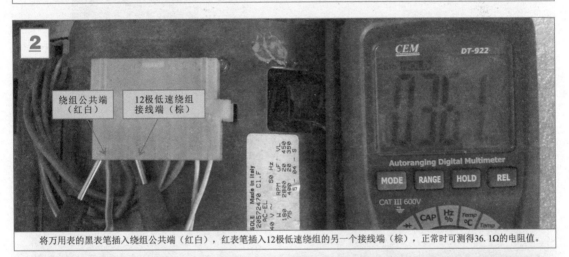

将万用表的黑表笔插入绕组公共端（红白），红表笔插入12极低速绕组的另一个接线端（棕），正常时可测得36.1Ω的电阻值。

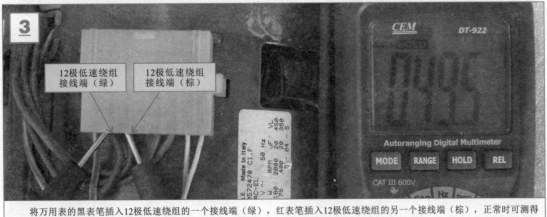

将万用表的黑表笔插入12极低速绕组的一个接线端（绿），红表笔插入12极低速绕组的另一个接线端（棕），正常时可测得49.5Ω的电阻值。

特别提醒

正常情况下，12极低速绕组之间、12极低速绕组分别与绕组公共端之间的三组电阻值均为几十欧姆。若检测时发现某对电阻值趋于无穷大，则说明绕组中有断路情况；若三组数值与正常值偏差较大，则说明绕组存在故障，应更换电动机。

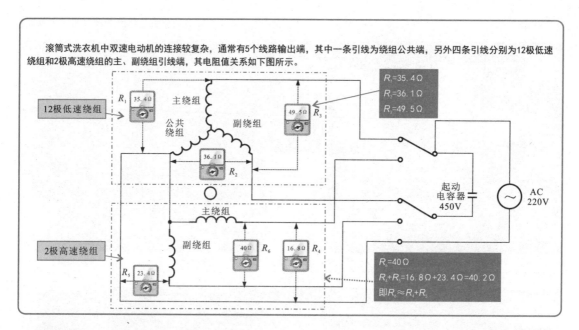

滚筒式洗衣机中双速电动机的连接较复杂，通常有5个线路输出端，其中一条引线为绕组公共端，另外四条引线分别为12极低速绕组和2极高速绕组的主、副绕组引线端，其电阻值关系如下图所示。

12极低速绕组

R_1 35.4 Ω

主绕组

公共绕组

副绕组

49.5Ω R_3

R_1=35.4 Ω
R_2=36.1 Ω
R_3=49.5 Ω

36.1Ω R_2

起动电容器 450V

AC 220V

2极高速绕组

主绕组

副绕组

40Ω R_6

16.8Ω R_4

R_5 23.4 Ω

R_6=40 Ω
R_4+R_5=16.8+23.4 Ω=40.2 Ω
即R_6≈R_4+R_5

2. 对双速电动机进行代换

在确定双速电动机已损坏后，接下来需要寻找可替代的良好双速电动机进行代换。

【双速电动机的代换】

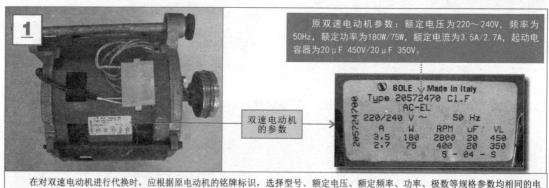

1

原双速电动机参数：额定电压为220～240V，频率为50Hz，额定功率为180W/75W，额定电流为3.5A/2.7A，起动电容器为20μF 450V/20μF 350V。

双速电动机的参数

SOLE ▼ Made In Italy
Type 20572470 C1.F
AC-EL
220/240 V ～   50 Hz

A	W	RPM	uF	VL
3.5	180	2800	20	450
2.7	75	400	20	350

5 - 04 - S

在对双速电动机进行代换时，应根据原电动机的铭牌标识，选择型号、额定电压、额定频率、功率、极数等规格参数均相同的电动机进行代换。

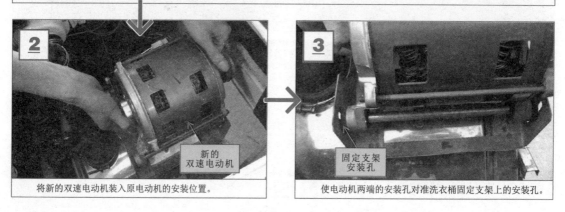

2

新的双速电动机

将新的双速电动机装入原电动机的安装位置。

3

固定支架安装孔

使电动机两端的安装孔对准洗衣桶固定支架上的安装孔。

4

将双速电动机的两个固定螺杆分别穿入固定支架和电动机安装孔中。

特别提醒

5

洗衣桶带轮

将传动带套在双速电动机带轮和洗衣桶带轮之间。

特别提醒

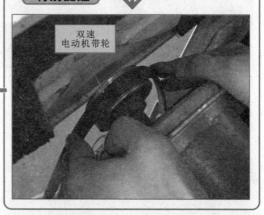

双速电动机带轮

6

使用两只扳手分别固定住双速电动机两端的固定螺母及螺杆。

7

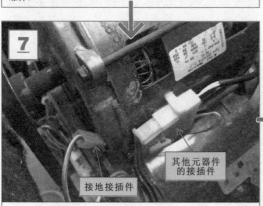

其他元器件的接插件

接地接插件

将双速电动机与其他元器件的接插件以及接地接插件插入电动机的连接接口处。

8

在双速电动机安装完成后，将洗衣机复原，通电试机，故障消失。

第7章
洗衣机排水系统的检修

7.1 波轮式洗衣机排水系统的结构与工作原理

▶ 7.1.1 波轮式洗衣机排水系统的结构

波轮式洗衣机的排水系统主要由排水阀和排水阀牵引器组成，一般位于波轮式洗衣机的下方，与排水管直接相连。

【波轮式洗衣机排水系统的结构】

洗衣机底座

排水管　排水阀牵引器

排水阀

将洗衣机翻转后，取下底座即可看到其排水系统，通常安装在电动机附近，直接与排水管相连。

波轮式洗衣机的排水系统主要由排水阀、排水阀牵引器和排水管等部分构成。

根据排水阀牵引器的牵引方式不同，波轮式洗衣机中主要有电磁铁牵引式排水系统和电动机牵引式排水系统两种。

1. 电磁铁牵引式排水系统

电磁铁牵引式排水系统是通过电磁铁牵引器使排水阀工作的。该排水系统主要由电磁铁牵引器和排水阀组成。

【电磁铁牵引式排水系统】

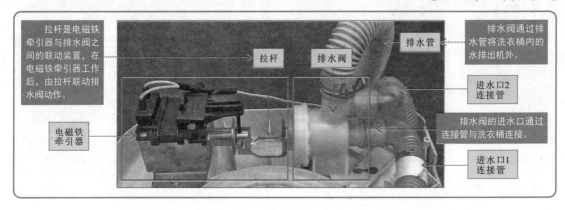

拉杆是电磁铁牵引器与排水阀之间的联动装置，在电磁铁牵引器工作后，由拉杆联动排水阀动作。

拉杆　排水阀

电磁铁牵引器

排水管

排水阀通过排水管将洗衣桶内的水排出机外。

进水口2连接管

排水阀的进水口通过连接管与洗衣桶连接。

进水口1连接管

2. 电动机牵引式排水系统

　　电动机牵引式排水阀通过电动机旋转力矩来拖动排水阀，使其工作。它主要由电动机牵引器和排水阀组成。其中，电动机牵引器和排水阀通过牵引钢丝绳实现关联。

【电动机牵引式排水系统】

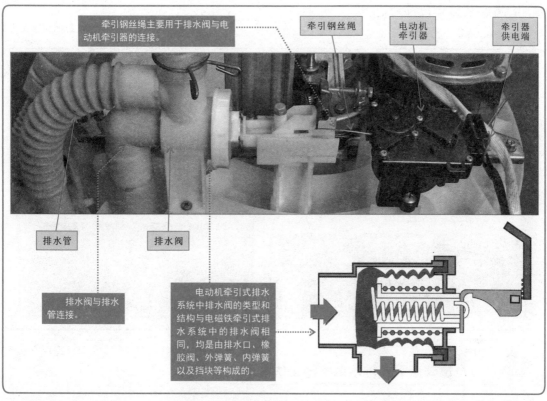

牵引钢丝绳主要用于排水阀与电动机牵引器的连接。

牵引钢丝绳

电动机牵引器

牵引器供电端

排水管

排水阀

排水阀与排水管连接。

电动机牵引式排水系统中排水阀的类型和结构与电磁铁牵引式排水系统中的排水阀相同，均是由排水口、橡胶阀、外弹簧、内弹簧以及挡块等构成的。

特别提醒

　　波轮式洗衣机的电动机牵引器不仅与排水阀关联，而且与离合器也有一定关系。电动机牵引器正常工作时，通过牵引钢丝绳及锁定装置带动排水阀以及离合器制动臂动作。

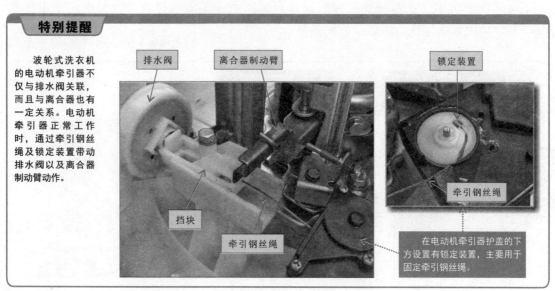

排水阀

离合器制动臂

锁定装置

挡块

牵引钢丝绳

牵引钢丝绳

在电动机牵引器护盖的下方设置有锁定装置，主要用于固定牵引钢丝绳。

　　排水系统是洗衣机中非常重要的部分，主要负责对排水进行控制，是洗衣机洗涤环节完成后的下一个环节。

　　波轮式洗衣机的排水系统由控制电路控制，当控制电路输出控制信号时，通过电路中的晶体管触发双向晶闸管导通，接通牵引器的供电电压，牵引器工作后，通过牵引排水阀动作，最终实现排水功能。

【波轮式洗衣机排水系统的控制关系】

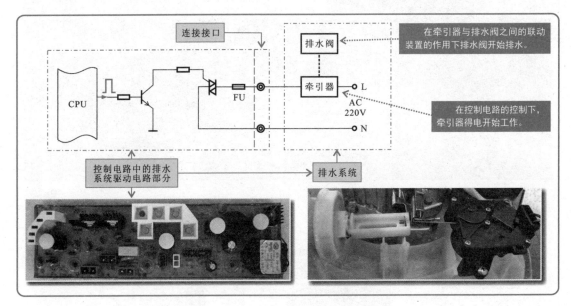

1. 电磁铁牵引式排水系统的工作原理

　　电磁铁牵引式排水系统的工作过程分为排水系统关闭和排水系统排水两个工作状态。下面分别对这两种工作状态进行分析。

【电磁铁牵引式排水系统的工作原理】

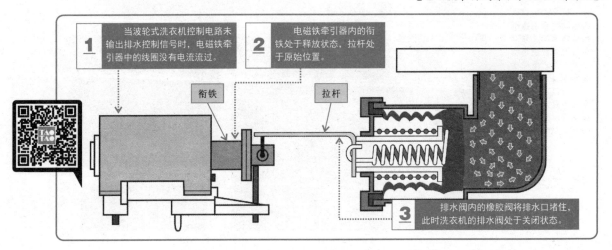

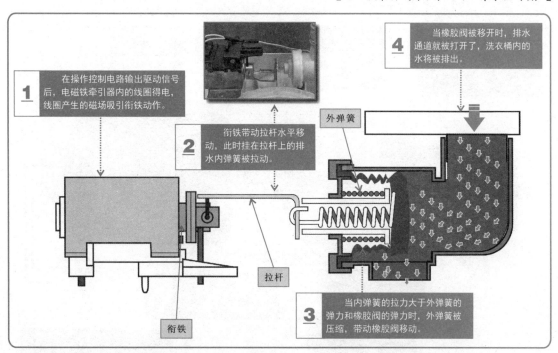

1 在操作控制电路输出驱动信号后，电磁铁牵引器内的线圈得电，线圈产生的磁场吸引衔铁动作。

4 当橡胶阀被移开时，排水通道就被打开了，洗衣桶内的水将被排出。

外弹簧

2 衔铁带动拉杆水平移动，此时挂在拉杆上的排水内弹簧被拉动。

拉杆

3 当内弹簧的拉力大于外弹簧的弹力和橡胶阀的弹力时，外弹簧被压缩，带动橡胶阀移动。

衔铁

 2.电动机牵引式排水系统的工作原理

　　电动机牵引式排水系统的工作过程也分为排水系统关闭和排水系统排水两个工作状态。下面分别对这两种工作状态进行分析。

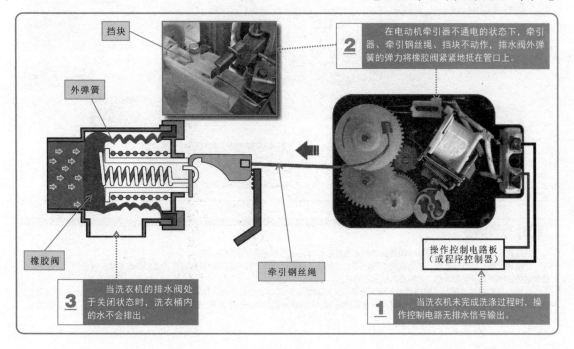

挡块

外弹簧

2 在电动机牵引器不通电的状态下，牵引器、牵引钢丝绳、挡块不动作，排水阀外弹簧的弹力将橡胶阀紧紧地抵在管口上。

橡胶阀

牵引钢丝绳

操作控制电路板（或程序控制器）

3 当洗衣机的排水阀处于关闭状态时，洗衣桶内的水不会排出。

1 当洗衣机未完成洗涤过程时，操作控制电路无排水信号输出。

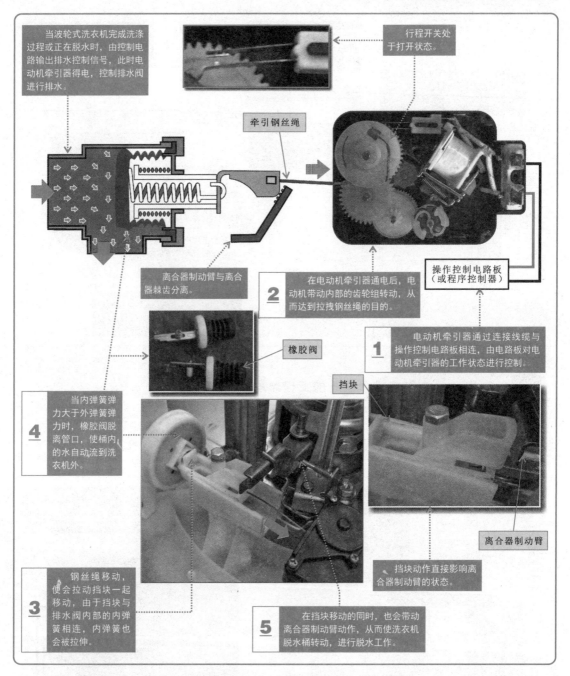

当波轮式洗衣机完成洗涤过程或正在脱水时，由控制电路输出排水控制信号，此时电动机牵引器得电，控制排水阀进行排水。

行程开关处于打开状态。

牵引钢丝绳

操作控制电路板（或程序控制器）

离合器制动臂与离合器棘齿分离。

2 在电动机牵引器通电后，电动机带动内部的齿轮组转动，从而达到拉拽钢丝绳的目的。

橡胶阀

1 电动机牵引器通过连接线缆与操作控制电路板相连，由电路板对电动机牵引器的工作状态进行控制。

挡块

4 当内弹簧弹力大于外弹簧弹力时，橡胶阀脱离管口，使桶内的水自动流到洗衣机外。

离合器制动臂

3 钢丝绳移动，便会拉动挡块一起移动，由于挡块与排水阀内部的内弹簧相连，内弹簧也会被拉伸。

挡块动作直接影响离合器制动臂的状态。

5 在挡块移动的同时，也会带动离合器制动臂动作，从而使洗衣机脱水桶转动，进行脱水工作。

特别提醒

波轮式洗衣机排水系统中的排水阀是排水的主要执行部件，该部件主要受牵引器控制。

当电动机牵引器不通电时，电动机牵引器、牵引钢丝绳、挡块不动作，排水阀外弹簧的弹力将橡胶阀紧紧地抵在管口上。此时，洗衣机的排水阀处于关闭状态，洗衣桶内的水不会排出。

当电动机牵引器通电时，电动机牵引器内部的电动机旋转，牵引钢丝绳被拉动，同时带动挡块移动，排水阀内部的内弹簧被拉伸，当内弹簧的拉力大于外弹簧的弹力时，外弹簧被压缩，带动橡胶阀移动。当橡胶阀离开管口时，排水通道就被打开了，洗衣桶内的水将被排出。

7.2.1 滚筒式洗衣机排水系统的结构

　　滚筒式洗衣机的排水系统通常采用上排水方式，主要由排水泵构成。排水泵通常安装于滚筒式洗衣机的底部，通过排水管和外桶连接，将洗涤后的水排出洗衣机。

【滚筒式洗衣机排水系统的结构】

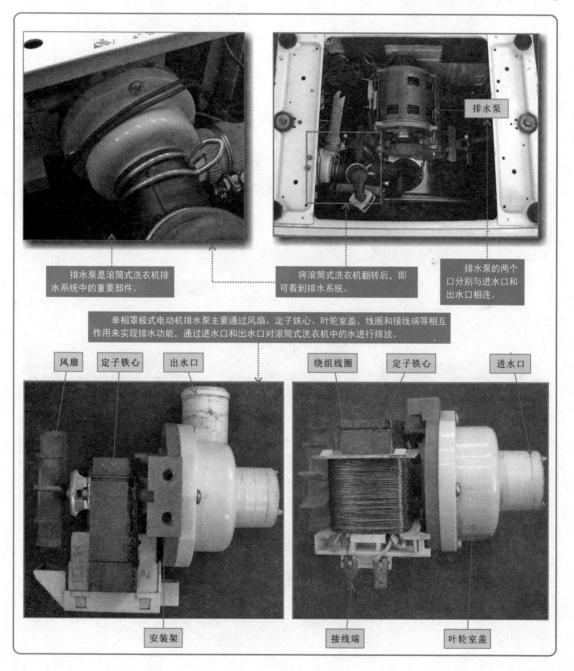

排水泵是滚筒式洗衣机排水系统中的重要部件。

将滚筒式洗衣机翻转后，即可看到排水系统。

排水泵的两个口分别与进水口和出水口相连。

排水泵

单相罩极式电动机排水泵主要通过风扇、定子铁心、叶轮室盖、线圈和接线端等相互作用来实现排水功能，通过进水口和出水口对滚筒式洗衣机中的水进行排放。

风扇　　定子铁心　　出水口

绕组线圈　　定子铁心　　进水口

安装架

接线端　　叶轮室盖

　　滚筒式洗衣机的排水系统是在操作控制电路的控制下，通过排水泵实现排水功能的。操作控制电路输出控制信号后，通过电路中的晶体管触发双向晶闸管导通，接通排水泵供电电路，排水泵得电工作后，将洗衣桶内的洗衣水排到机外。

【滚筒式洗衣机排水系统的工作原理】

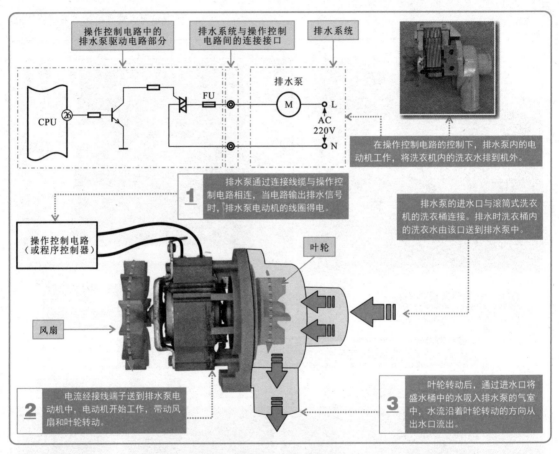

操作控制电路中的排水泵驱动电路部分

排水系统与操作控制电路间的连接接口

排水系统

排水泵

CPU

FU

M

L
AC
220V
N

在操作控制电路的控制下，排水泵内的电动机工作，将洗衣机内的洗衣水排到机外。

1 排水泵通过连接线缆与操作控制电路相连，当电路输出排水信号时，排水泵电动机的线圈得电。

操作控制电路（或程序控制器）

排水泵的进水口与滚筒式洗衣机的洗衣桶连接。排水时洗衣桶内的洗衣水由该口送到排水泵中。

叶轮

风扇

2 电流经接线端子送到排水泵电动机中，电动机开始工作，带动风扇和叶轮转动。

3 叶轮转动后，通过进水口将盛水桶中的水吸入排水泵的气室中，水流沿着叶轮转动的方向从出水口流出。

特别提醒

　　当洗衣机为排水泵提供其工作电压时，由定子铁心、定子线圈和转子构成的电动机开始工作，带动风扇和叶轮转动（风扇用来散热）。叶轮转动后在叶轮室中形成气流，通过进水口将盛水桶中的水吸入排水泵的气室中。在叶轮转动的过程中，水流沿着叶轮转动的方向从出水口流出。

转子

定子线圈

定子铁心

7.3 波轮式洗衣机排水系统的检修方法

排水系统是控制洗衣机实现排水功能的重要装置。若其出现故障，通常会使洗衣机出现不排水、排水不止、排水缓慢等异常现象。

对波轮式洗衣机的排水系统进行检修时，不仅需要对电气部件（牵引器）进行检测判断，而且应对机械部件以及机械与电气的关联部件进行检查，如排水阀等。

【波轮式洗衣机排水系统的检修分析】

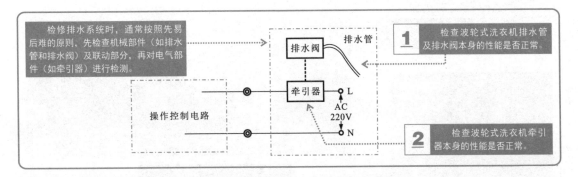

- 检修排水系统时，通常按照先易后难的原则，先检查机械部件（如排水管和排水阀）及联动部分，再对电气部件（如牵引器）进行检测。
- **1** 检查波轮式洗衣机排水管及排水阀本身的性能是否正常。
- **2** 检查波轮式洗衣机牵引器本身的性能是否正常。

▶ 7.3.1 波轮式洗衣机排水管和排水阀的检查 ⟫

在对波轮式洗衣机排水管和排水阀进行检查时，主要检查排水管与排水阀的连接以及本身是否出现故障，检查不同类型的排水阀及联动部分是否出现故障。

 1. 排水管的检查

波轮式洗衣机排水系统需要与进水口连接管路和排水管配合才能正常工作，因此应首先对进水口连接管路和排水管进行检查，若连接不良，则应使用胶水进行粘合或直接更换。

【电磁铁牵引式排水系统的检查】

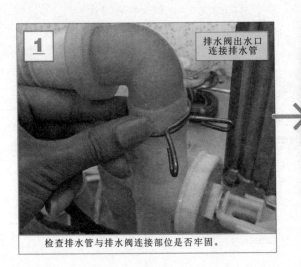

检查排水管与排水阀连接部位是否牢固。

检查排水阀进水口连接管与排水阀连接部位是否牢固。

2. 排水阀及联动部分的检查

　　排水阀及联动部分是波轮式洗衣机排水系统的重要机械部件。在对波轮式洗衣机排水系统进行检修时，首先要明确排水阀及联动部分的状态是否正常。

　　不同结构的排水系统，具体的检查部位和方法有所不同，特别是排水阀与牵引器之间的联动部分。下面分别对电磁铁牵引式排水系统和电动机牵引式排水系统中的排水阀及联动部分进行介绍。

【电磁铁牵引式排水系统中排水阀及联动部分的检查方法】

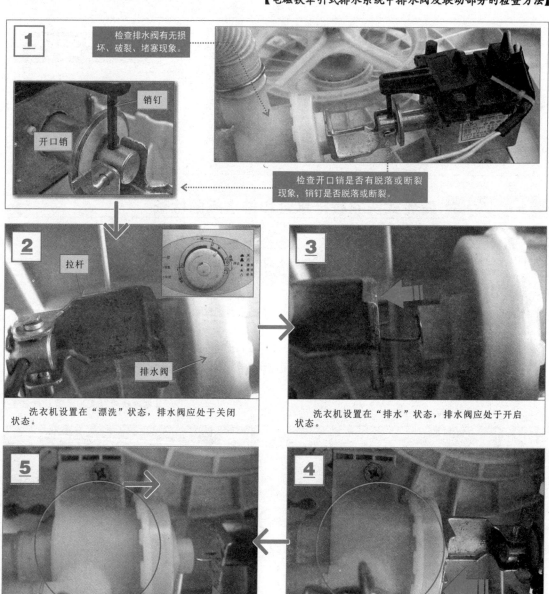

1. 检查排水阀有无损坏、破裂、堵塞现象。

　　销钉
　　开口销

　　检查开口销是否有脱落或断裂现象，销钉是否脱落或断裂。

2. 拉杆
　　排水阀
　　洗衣机设置在"漂洗"状态，排水阀应处于关闭状态。

3. 洗衣机设置在"排水"状态，排水阀应处于开启状态。

5. 电磁铁牵引器开启时，排水阀内的橡胶阀移动。

4. 电磁铁牵引器关闭时，排水阀内橡胶阀的位置没有变化。

检查挡块有无开裂、破损情况。

检查牵引钢丝绳是否有脱落或断裂现象。

检查排水阀外部有无明显损伤、破裂现象。

牵引钢丝绳

特别提醒

除此之外，电动机牵引式排水阀和电磁铁牵引式排水阀的排水管所使用的排水阀是相同的，因此两者橡胶阀等部件的检查方法是一样的。

若经检查发现牵引钢丝绳老化，则需要对其进行更换，并且更换时应按顺序进行拆卸和代换。

【牵引钢丝绳的拆卸和代换】

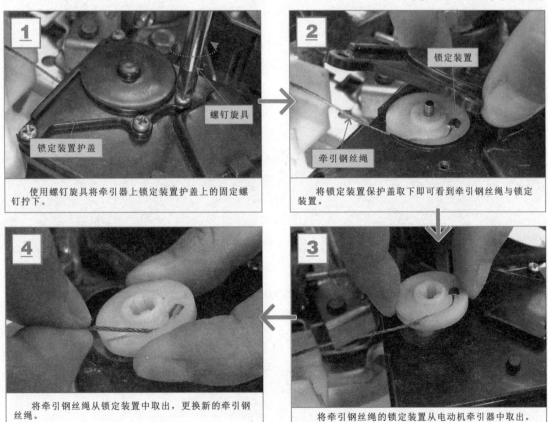

1 螺钉旋具

锁定装置护盖

使用螺钉旋具将牵引器上锁定装置护盖上的固定螺钉拧下。

2 锁定装置

牵引钢丝绳

将锁定装置保护盖取下即可看到牵引钢丝绳与锁定装置。

4 将牵引钢丝绳从锁定装置中取出，更换新的牵引钢丝绳。

3 将牵引钢丝绳的锁定装置从电动机牵引器中取出。

在对排水系统进行检查时，若排水管、联动部分均无异常现象，则需要对牵引器部分进行检查。不论是电磁铁牵引器还是电动机牵引器，都属于电气部件，可借助万用表来判断其好坏。若断定其损坏后，则应及时进行代换。

1. 电磁铁牵引器的检查与代换

检查电磁铁牵引器是否正常时，主要对供电电压、微动开关以及转换触点进行检查，若其出现异常或不可修复，则需要及时进行代换。

【电磁铁牵引器的检查方法】

使用偏口钳剪断用于固定电磁铁牵引器导线的线束。

使用一字槽螺钉旋具将电磁铁牵引器的导线护盖撬开。

将导线的护盖从电磁铁牵引器的磁轭盖板中取下。

将电磁铁牵引器导线的固定皮套向上移。

特别提醒

由于电磁铁牵引器的导线端子上有一个护盖，无法直接检测，因此在检测电磁铁牵引器的供电电压之前，需要先将护盖取下来，然后使用万用表交流电压档进行检测。

将万用表红、黑表笔分别搭在电磁铁牵引器供电导线端子上。

黑表笔

红表笔

使用万用表检测电磁铁牵引器的供电电压。

正常情况下，万用表测得的电压值为200V。

特别提醒

若检测到电磁铁牵引器的电压值为180～220 V，则表明该电磁铁牵引器的供电电压正常，需要再检查电磁铁牵引器的微动开关和转换触点部分。

由于电磁铁牵引器的微动开关和转换触点均安装在电磁铁牵引器的内部，因此在对该部分进行检查之前，需要先拆卸电磁铁牵引器，找到内部的微动开关和转换触点，然后检查该部分是否正常。

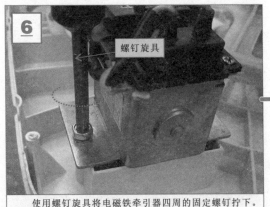

螺钉旋具

使用螺钉旋具将电磁铁牵引器四周的固定螺钉拧下。

磁轭盖板

使用螺钉旋具将电磁铁牵引器磁轭盖板上的固定螺钉拧下。

磁轭盖板

将电磁铁牵引器的磁轭盖板向上提起并取下。

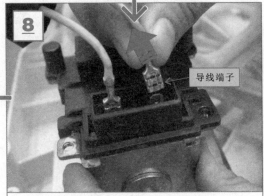

导线端子

将电磁铁牵引器的导线从导线端子上拔下。

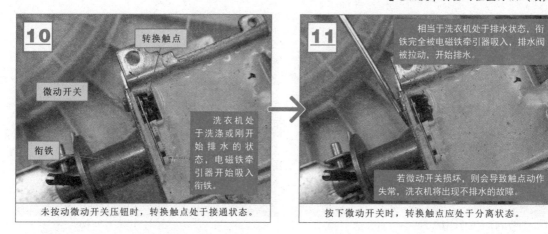

10　转换触点

微动开关

衔铁

洗衣机处于洗涤或刚开始排水的状态，电磁铁牵引器开始吸入衔铁。

未按动微动开关压钮时，转换触点处于接通状态。

11　相当于洗衣机处于排水状态，衔铁完全被电磁铁牵引器吸入，排水阀被拉动，开始排水。

若微动开关损坏，则会导致触点动作失常，洗衣机将出现不排水的故障。

按下微动开关时，转换触点应处于分离状态。

 ## 2. 电动机牵引器的检查与代换

　　电动机牵引器的检查可先检测其工作电压，若电压正常，再对其内部进行检查。电动机牵引器供电电压的检测方法与电磁铁牵引器类似，这里不再重复，下面重点对电动机牵引器进行拆解检查。

1　将电动机牵引器取下，撬开牵引器外壳，即可看到牵引器内部齿轮等部分。

2　检查变速齿轮组中的各齿轮是否有碎裂的情况。

3　检查内部的弹簧是否连接正常。

若电动机牵引器内部各部件状态及电动机焊接均良好，则可借助万用表对电动机电阻值（内部绕组的电阻值）进行检测，以判断电动机的好坏。

【电动机牵引器内电动机的检查方法】

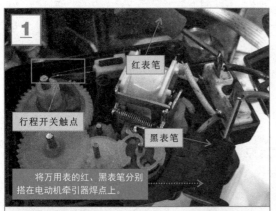

使用万用表检测电动机牵引器行程开关处于关闭状态时的电阻值。

正常情况下，万用表测得的电阻值为3kΩ。

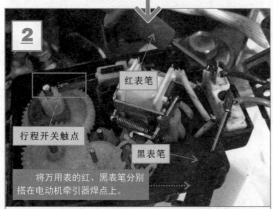

使用万用表检测电动机牵引器行程开关处于打开状态时的电阻值。

正常情况下，万用表测得的电阻值为8kΩ。

特别提醒

正常情况下，电动机牵引器内部行程开关关闭时，电动机绕组的电阻值为3kΩ左右；行程开关处于打开状态时，电动机绕组的电阻值为8kΩ左右。无论电阻值过大或者过小，都说明该电动机牵引器中的电动机出现故障，需要更换零部件，或是对电动机牵引器整体进行更换。

值得注意的是，在检测过程中，应确定行程开关的工作状态（关闭/打开），避免影响检测结果。

行程开关处于打开状态。

行程开关处于关闭状态。

在对电动机牵引器进行代换时，需要根据其安装位置、安装方式等，先对相关的部件进行拆卸，取下损坏的电动机牵引器，然后再安装良好的电动机牵引器。

电动机牵引器安装在波轮式洗衣机盛水桶的底部，通过挡块、牵引钢丝绳与排水阀连在一起。代换时，应先对牵引钢丝绳进行拆卸，然后再取下损坏的电动机牵引器，进行更换。

【牵引钢丝绳的拆卸方法】

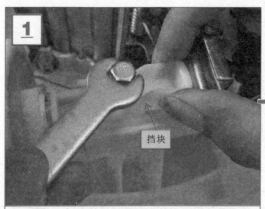

使用扳手将挡块上的紧固螺母拧松，并取下挡块。

用手捏住牵引钢丝绳，将其从滑块的卡槽中抽出。

【电动机牵引器的拆卸方法】

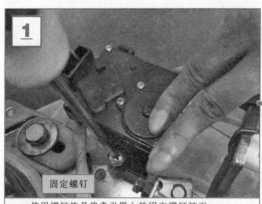

使用螺钉旋具将牵引器上的固定螺钉拧下。

将牵引器上另一侧的固定螺钉拧下。

拔下接插件后，便可取下损坏的电动机牵引器。

拔下电动机牵引器供电端上的两个接插件。

代换电动机牵引器时，应根据损坏的电动机牵引器的型号、规格参数等信息，选择适合的部件进行代换。

【选取适合的电动机牵引器】

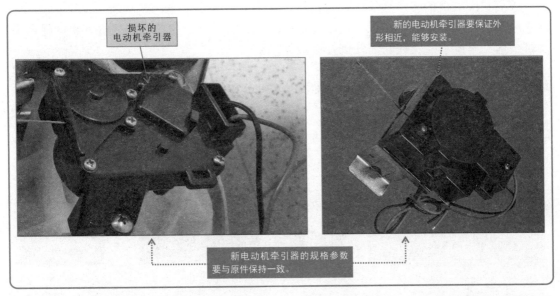

损坏的电动机牵引器

新的电动机牵引器要保证外形相近，能够安装。

新电动机牵引器的规格参数要与原件保持一致。

【电动机牵引器的安装方法】

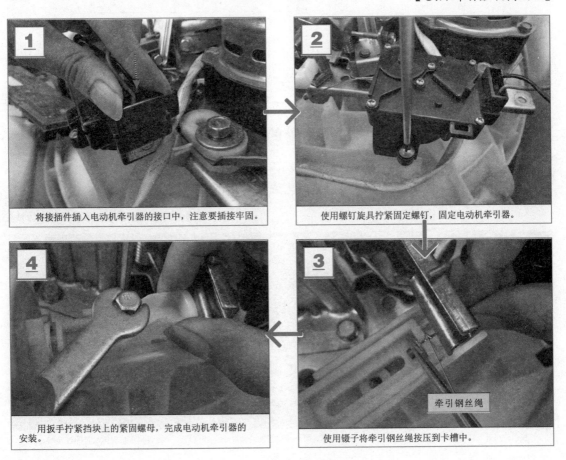

1 将接插件插入电动机牵引器的接口中，注意要插接牢固。

2 使用螺钉旋具拧紧固定螺钉，固定电动机牵引器。

3 牵引钢丝绳

使用镊子将牵引钢丝绳按压到卡槽中。

4 用扳手拧紧挡块上的紧固螺母，完成电动机牵引器的安装。

滚筒式洗衣机的排水系统主要是指排水泵部分。若排水泵出现故障，往往会引起滚筒式洗衣机出现不排水、排水不止或排水缓慢等异常现象。检修滚筒式洗衣机的排水系统时，重点对排水泵及关联部件进行检查和测试。

通常，对滚筒式洗衣机排水系统进行检修时，按照先易后难的原则，先检查排水泵与排水管的连接情况，再对排水泵内部部件及排水泵电动机进行检查或测试。

【滚筒式洗衣机排水系统的检修分析】

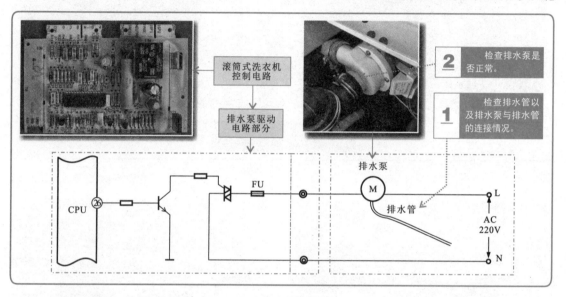

7.4.1 滚筒式洗衣机排水管的检查

排水泵主要为排水工作提供动力，而水需要通过排水管流到洗衣机外，因此应先对排水管进行检查，重点检查排水管有无老化或断裂情况，以及排水管的连接情况。

【滚筒式洗衣机中排水管的检查方法】

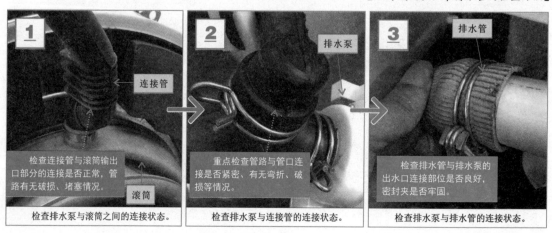

检查排水泵与滚筒之间的连接状态。　检查排水泵与连接管的连接状态。　检查排水泵与排水管的连接状态。

◆ **1. 检查排水泵**

　　排水泵电动机是排水泵中最关键的部件，也是该部分的电气部件。通常可借助万用表检测电动机内绕组的电阻值来判断其好坏，正常情况下，可测得一定的电阻值。若测得的电阻值过大或为0Ω，则说明排水泵电动机存在故障。

【排水泵电动机的检查方法】

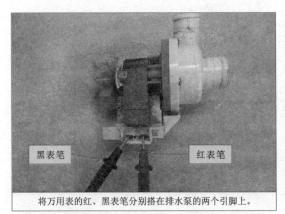

黑表笔　　　　　　　　红表笔

将万用表的红、黑表笔分别搭在排水泵的两个引脚上。

将万用表量程调整至"R×1"电阻档。

正常情况下测得的电阻值为23.5Ω。

特别提醒

　　排水泵安装在滚筒式洗衣机洗衣桶的底部，将排水泵拆下后，会看到一个带扇叶及两个触片的部件，即排水泵电动机。用万用表测量其绕组的电阻值时，需将万用表的两表笔放置在排水泵的两个触片的接线孔处。

排水泵

　　若排水泵电动机正常，但排水泵仍无法正常工作，可对排水泵内部的连接及润滑情况进行检查。重点检查排水泵线路连接，并尝试对排水泵内部部件进行润滑处理。

【排水泵内部部件的检查】

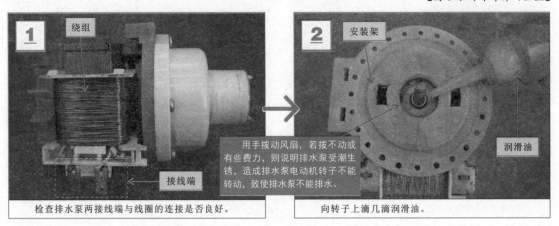

1 绕组

接线端

检查排水泵两接线端与线圈的连接是否良好。

用手拨动风扇，若拨不动或有些费力，则说明排水泵受潮生锈，造成排水泵电动机转子不能转动，致使排水泵不能排水。

2 安装架

润滑油

向转子上滴几滴润滑油。

2. 代换排水泵

　　若排水泵电动机或内部部件损坏，则需要根据原排水泵的规格参数等信息选择适合的部件进行代换，代换后插接好线缆接插件，再通电试机。

【排水泵的代换方法】

新的排水泵要保证外形相近，能够在原位置进行安装。

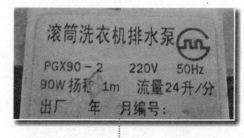

新的排水泵的规格参数要与原部件保持一致，如型号为PGX90-2，工作电压为AC220V，功率为90W，扬程为1m，流量为24L/min。

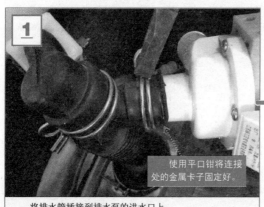

1

使用平口钳将连接处的金属卡子固定好。

将排水管插接到排水泵的进水口上。

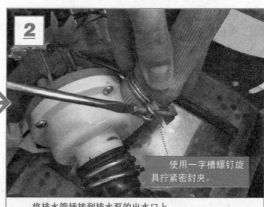

2

使用一字槽螺钉旋具拧紧密封夹。

将排水管插接到排水泵的出水口上。

4

使用扳手拧紧两颗固定螺母，然后通电试机，排水正常，故障消失。

将排水泵固定到安装位置上。

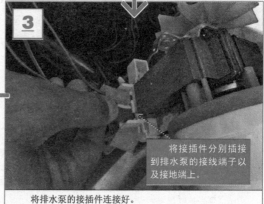

3

将接插件分别插接到排水泵的接线端子以及接地端上。

将排水泵的接插件连接好。

第8章

洗衣机支撑减振系统的检修

 8.1 波轮式洗衣机支撑减振系统的结构与工作原理

　　洗衣机的支撑减振系统是支撑洗衣机中洗衣桶的装置。洗衣机在工作期间会引起很大的振动，支撑减振系统不仅可以减少各部件之间因运动产生的摩擦而造成的损伤，而且能够降低撞击产生的噪声，起到支撑、保护的作用。

　　不同类型的洗衣机中，支撑减振系统的安装位置和结构组成不同，下面先介绍波轮式洗衣机支撑减振系统的结构。

▶ 8.1.1 波轮式洗衣机支撑减振系统的结构 »

　　波轮式洗衣机中，支撑减振系统多采用吊杆式支撑方式，其核心配件为吊杆组件。该组件是由挂头、吊杆、减振毛毡和阻尼装置组成的。其中的阻尼装置是由阻尼筒、减振弹簧和阻尼碗构成的，而减振弹簧是吊杆组件的重要部件，用于减振和吸振。

【支撑减振系统的结构】

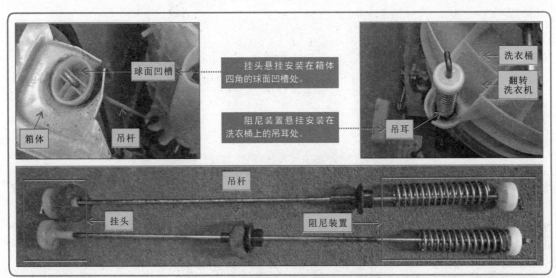

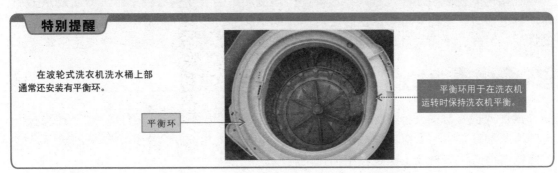

特别提醒

　　在波轮式洗衣机洗水桶上部通常还安装有平衡环。

平衡环　　　　　平衡环用于在洗衣机运转时保持洗衣机平衡。

当波轮式洗衣机处于工作状态时，洗衣桶在洗涤衣物或脱水操作时是高速旋转的，并产生离心力，而洗衣桶内的衣物在离心力的作用下，分布不可能完全均匀，重心是变动偏移的。因此，洗衣桶转动时会产生强烈的振动。波轮式洗衣机中的支撑减振系统就是在洗衣机工作过程中实现支撑、降低振动、缓冲噪声功能的装置。吊杆组件可以保持洗衣机工作时的平衡，防止洗衣机整机振动、变位。

【波轮式洗衣机支撑减振系统的工作原理】

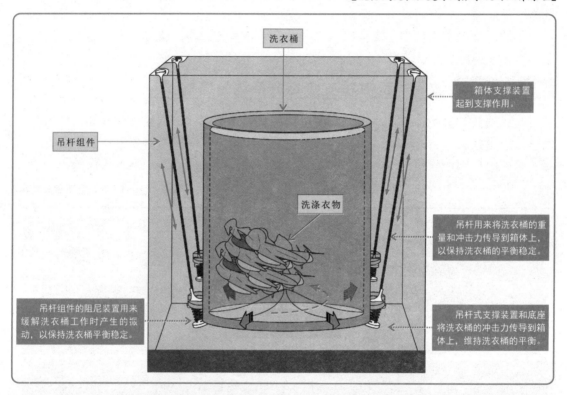

洗衣桶

箱体支撑装置起到支撑作用。

吊杆组件

洗涤衣物

吊杆用来将洗衣桶的重量和冲击力传导到箱体上，以保持洗衣桶的平衡稳定。

吊杆组件的阻尼装置用来缓解洗衣桶工作时产生的振动，以保持洗衣桶平衡稳定。

吊杆式支撑装置和底座将洗衣桶的冲击力传导到箱体上，维持洗衣桶的平衡。

🎬◀ 8.2 滚筒式洗衣机支撑减振系统的结构与工作原理

在滚筒式洗衣机工作过程中，滚筒不停地旋转，当衣物偏心过重时，即衣物从上端转动到下端时，滚筒会下移，这时滚筒上方的吊装弹簧及下方的减振器可有效减轻滚筒的振动。另外，平衡块可加大滚筒的重量，进一步降低滚筒晃动程度，完成正常洗涤。

▶ 8.2.1 滚筒式洗衣机支撑减振系统的结构 ➤➤

滚筒式洗衣机的支撑减振系统包括减振支撑装置和平衡装置等部分。滚筒式洗衣机内的所有部件都由该系统支撑或承载，并在一定程度上相互配合支撑洗衣机的滚筒，同时降低滚筒式洗衣机在工作过程中的振动程度。

1. 减振支撑装置

　　滚筒式洗衣机中的减振支撑装置主要由吊装弹簧、减振器、平衡块等构成。在滚筒式洗衣机支撑减振系统中通常设置两个吊装弹簧，安装在洗衣机的顶部，通过弹簧两端的挂钩将滚筒的外桶与箱体之间连接起来；减振器安装在滚筒下方。

【滚筒式洗衣机中的减振支撑装置】

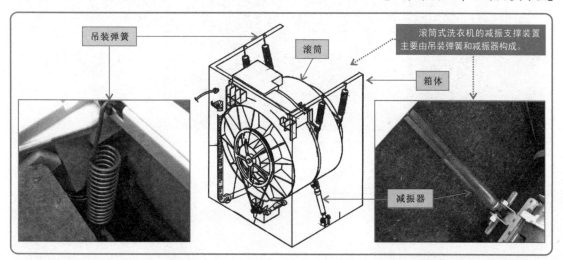

【滚筒式洗衣机中的减振器】

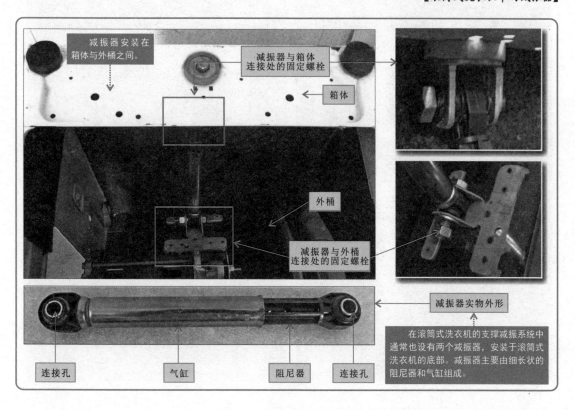

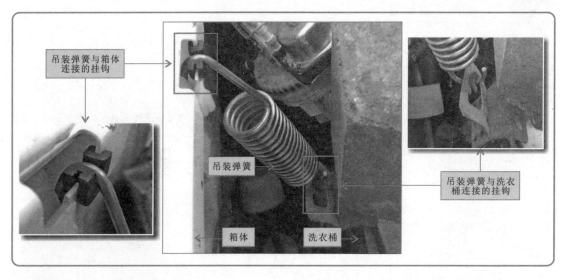

 2. 平衡装置

滚筒式洗衣机中的平衡装置主要由上平衡块、前平衡块和后平衡块等构成。

【滚筒式洗衣机的平衡块】

　　滚筒式洗衣机在工作过程中，通过上平衡块保证滚筒的转动平衡，并通过吊装弹簧和安装在底部与滚筒固定的减振器来减少滚筒的振动，从而完成正常的洗涤过程。

【滚筒式洗衣机支撑减振系统的工作原理】

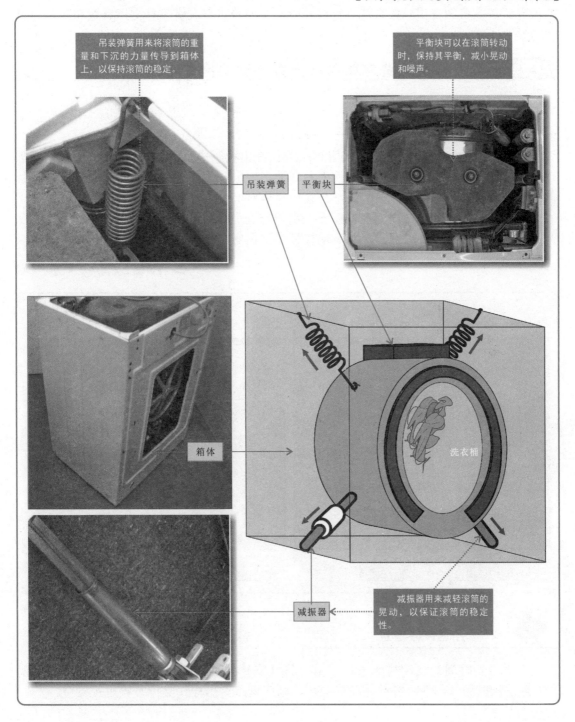

吊装弹簧用来将滚筒的重量和下沉的力量传导到箱体上，以保持滚筒的稳定。

平衡块可以在滚筒转动时，保持其平衡，减小晃动和噪声。

吊装弹簧　平衡块

箱体

洗衣桶

减振器

减振器用来减轻滚筒的晃动，以保证滚筒的稳定性。

8.3 波轮式洗衣机支撑减振系统的检修方法

波轮式洗衣机支撑减振系统中均为机械类部件，任何一个部件功能失常都可能使洗衣机出现一些异常情况，如在洗涤过程中出现强烈的振动，并伴有噪声，有明显的不平衡晃动等。对该系统进行检修时，通常以系统中的部件为单位，逐一进行检查和修理。对波轮式洗衣机的支撑减振系统进行检修时，主要检查洗衣机吊杆支撑装置和底座等的性能是否正常。

▶ 8.3.1 波轮式洗衣机吊杆支撑装置的检查与代换

1. 围框的检查

波轮式洗衣机的围框无论是采用钢板或镀锌钢板制成，还是采用塑料注塑成型，都比较结实，不易产生故障，但围框的上盖需要与安全开关相关联，因此，如果洗衣机上盖的开和关失去了对安全开关的控制，就应重点对上盖进行检查。

上盖的后面有一个凸出的杠杆，专门用于与安全开关进行关联。因此在对上盖进行开或关的时候，不要使用蛮力，以免使杠杆受到损伤，影响与安全开关的关联。

【围框上盖与安全开关的关联】

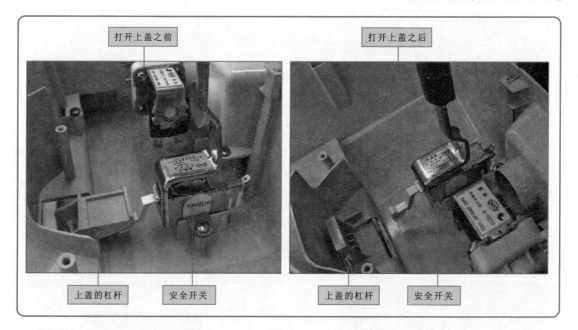

2. 吊杆组件的检查

使用很长时间的波轮式洗衣机，其吊杆式支撑装置可能出现脱落、生锈或损坏现象。若洗涤时箱体出现明显的晃动或噪声，则应重点对吊杆式支撑装置进行检查。

波轮式洗衣机中吊杆组件的挂头悬挂在洗衣机箱体四个角的球面凹槽内。如果洗衣桶的支撑装置出现故障，可首先检查吊杆组件与箱体之间的悬挂状态是否正常。

四个吊杆组件中任何一个脱离了箱体球面凹槽，都会使洗衣桶工作失衡，发出噪声。此时，可检查脱离箱体的吊杆组件，若没有明显的损伤，则说明该吊杆组件偶然脱离了箱体，只需要将其重新安装即可。

【检查吊杆组件与箱体之间的悬挂状态】

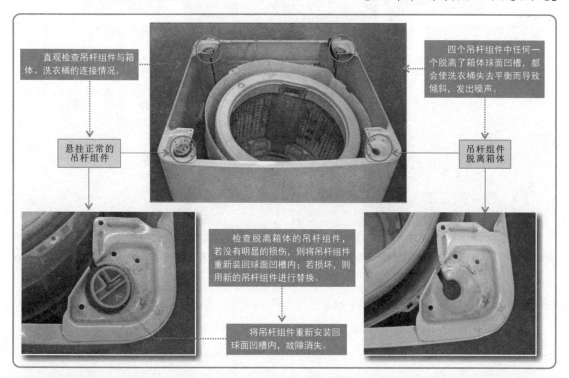

直观检查吊杆组件与箱体、洗衣桶的连接情况。

四个吊杆组件中任何一个脱离了箱体球面凹槽，都会使洗衣桶失去平衡而导致倾斜，发出噪声。

悬挂正常的吊杆组件

吊杆组件脱离箱体

检查脱离箱体的吊杆组件，若没有明显的损伤，则将吊杆组件重新装回球面凹槽内；若损坏，则用新的吊杆组件进行替换。

将吊杆组件重新安装回球面凹槽内，故障消失。

特别提醒

在吊杆组件的挂头与球面凹槽之间垫有毛毡，起到缓冲挂头与箱体之间摩擦的作用。如果毛毡变形或者磨损，将增大箱体与挂头之间的摩擦力，产生很大的声响。此时只要更换良好的毛毡或者采用其他缓冲垫代替即可。

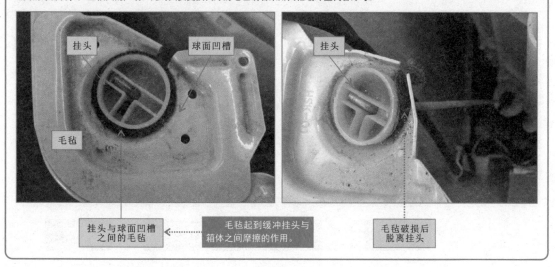

挂头

球面凹槽

毛毡

挂头

挂头与球面凹槽之间的毛毡

毛毡起到缓冲挂头与箱体之间摩擦的作用。

毛毡破损后脱离挂头

波轮式洗衣机中吊杆组件另一端的阻尼装置与洗衣桶进行关联。如果吊杆组件的挂头悬挂正常，但是晃动吊杆组件时却感觉不到与洗衣桶之间的支撑状态，那么原因多为吊杆组件与洗衣桶的关联部分失常。

【检查吊杆组件与洗衣桶之间的悬挂状态】

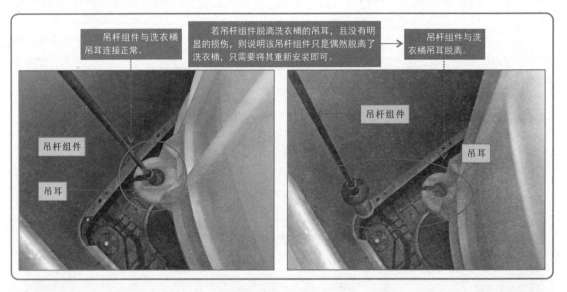

吊杆组件与洗衣桶吊耳连接正常。

若吊杆组件脱离洗衣桶的吊耳，且没有明显的损伤，则说明该吊杆组件只是偶然脱离了洗衣桶，只需要将其重新安装即可。

吊杆组件与洗衣桶吊耳脱离。

吊杆组件

吊耳

吊杆组件

吊耳

特别提醒

　　若吊杆组件的阻尼筒或阻尼碗损坏，则说明该吊杆组件故障性地脱离了箱体。吊杆组件的阻尼筒和阻尼碗同样是采用塑料制成的。若其长时间承重洗衣桶，则会使阻尼筒和阻尼碗产生裂纹或严重损坏，将直接导致洗衣桶旋转过程中不平衡或产生严重的噪声，影响波轮式洗衣机的正常工作。

　　阻尼装置与洗衣桶发生故障性脱离的原因，除了阻尼筒或阻尼碗损坏以外，还有可能是盛水桶的吊耳损坏。波轮式洗衣机长时间使用后，由塑料制成的盛水桶吊耳也很容易损坏。

吊杆组件在洗衣机中起到了支撑减振的作用。为了使其能够发挥最佳的工作性能，需要定期对吊杆组件进行维护，如检查吊杆及关联部件是否锈蚀等，若锈蚀，则应及时涂抹润滑油等。

【吊杆组件的维护】

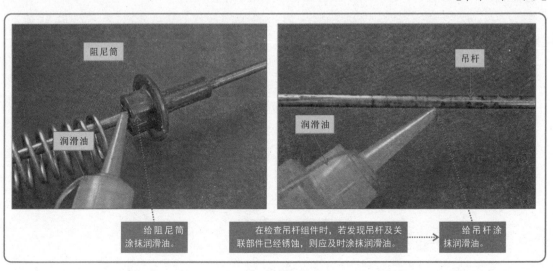

阻尼筒

吊杆

润滑油

润滑油

给阻尼筒涂抹润滑油。

在检查吊杆组件时，若发现吊杆及关联部件已经锈蚀，则应及时涂抹润滑油。

给吊杆涂抹润滑油。

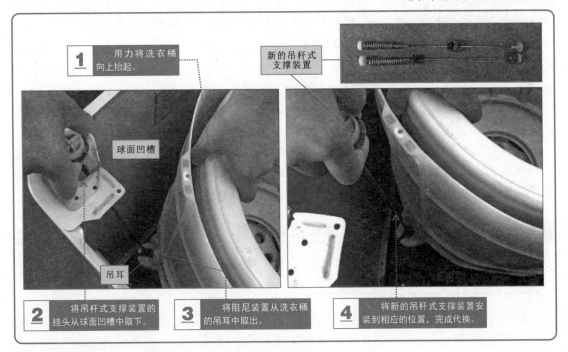

1 用力将洗衣桶向上抬起。

新的吊杆式支撑装置

球面凹槽

吊耳

2 将吊杆式支撑装置的挂头从球面凹槽中取下。

3 将阻尼装置从洗衣桶的吊耳中取出。

4 将新的吊杆式支撑装置安装到相应的位置，完成代换。

▶ **8.3.2** 波轮式洗衣机底座的检修 ≫

　　底座长时间承受洗衣机的晃动或排水浸泡后，其可调节底脚可能会出现松动、锈蚀现象，从而影响波轮式洗衣机的平衡。若发现波轮式洗衣机底座上的可调节底脚异常，则可用扳手进行调节。当可调节底脚的螺纹锈蚀无法进行调节时，可使用润滑油浸泡锈蚀处，使其松动、可调。

【波轮式洗衣机底座可调节底脚的检修】

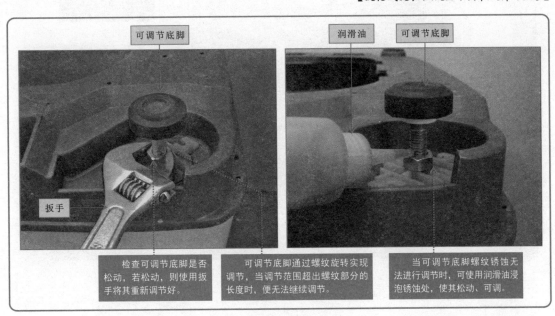

可调节底脚

润滑油　可调节底脚

扳手

检查可调节底脚是否松动，若松动，则使用扳手将其重新调节好。

可调节底脚通过螺纹旋转实现调节，当调节范围超出螺纹部分的长度时，便无法继续调节。

当可调节底脚螺纹锈蚀无法进行调节时，可使用润滑油浸泡锈蚀处，使其松动、可调。

8.4 滚筒式洗衣机支撑减振系统的检修方法

　　滚筒式洗衣机的支撑减振系统故障主要表现为洗衣机在工作过程中噪声大、振动明显等。常见的故障原因主要是滚筒式洗衣机的内部元器件松动、脱落或电动机的轴承损坏等，引起滚筒式洗衣机的滚筒转动失衡或产生噪声。除了以上引起滚筒式洗衣机产生噪声或工作失衡的因素外，大多是滚筒式洗衣机支撑减振系统出现故障，此外就需要对滚筒式洗衣机的支撑减振系统进行检修。

　　对滚筒式洗衣机的支撑减振系统进行检修时，主要检查减振支撑装置和平衡装置是否出现问题。而滚筒式洗衣机的平衡装置相对来说比较结实，不易产生故障，因此，应重点对减振支撑装置，即吊装弹簧和减振器进行检查。

▶ 8.4.1 滚筒式洗衣机减振支撑装置的检查与代换 》》

■ 1. 吊装弹簧挂接情况的检查

　　检查吊装弹簧与箱体和外桶之间挂接是否正常，与箱体之间的挂垫是否损坏。若两个吊装弹簧的弹性不一致，则会使滚筒在工作过程中严重失衡，严重时会对滚筒造成一定的损伤，此时，应对失去弹性、损坏的吊装弹簧进行更换。

【吊装弹簧挂接情况的检查】

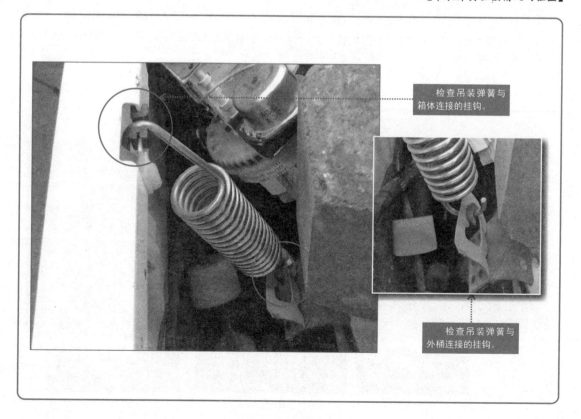

检查吊装弹簧与箱体连接的挂钩。

检查吊装弹簧与外桶连接的挂钩。

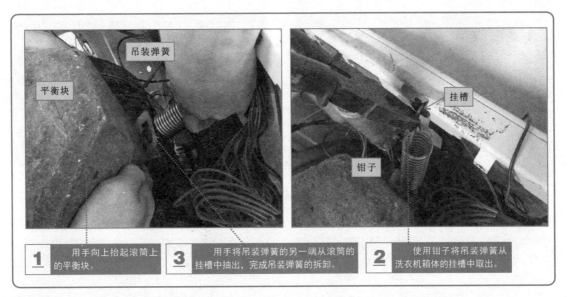

| **1** | 用手向上抬起滚筒上的平衡块。 | **3** | 用手将吊装弹簧的另一端从滚筒的挂槽中抽出，完成吊装弹簧的拆卸。 | **2** | 使用钳子将吊装弹簧从洗衣机箱体的挂槽中取出。 |

 2. 减振器的检修方法

　　滚筒式洗衣机的减振器通过螺栓和螺母与箱体、洗衣桶固定在一起，时间长了可能会出现固定部位不牢固、阻尼器上的密封垫与阻尼器脱离、减振器本身性能不良等现象，可逐一对可能异常的情况进行检查。

　　检查减振器的连接情况时，应将滚筒式洗衣机翻转过来，使洗衣机的底部向上，然后检查固定减振器的固定螺栓和螺母是否松动，若松动，则可使用活扳手固定住螺栓，再用另一个活扳手拧紧螺母，将其拧紧后即可排除故障。

【检查减振器的连接情况】

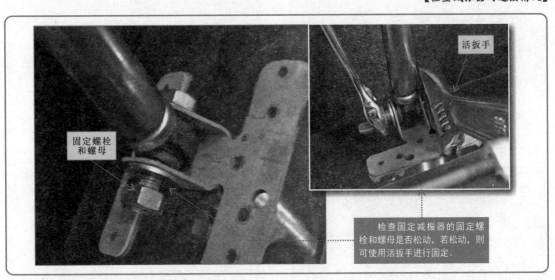

检查固定减振器的固定螺栓和螺母是否松动，若松动，则可使用活扳手进行固定。

　　若减振器两端与滚筒式洗衣机的箱体、洗衣桶连接正常，但故障仍存在，则应将减振器拆卸下来，进一步检查减振器的内部情况。

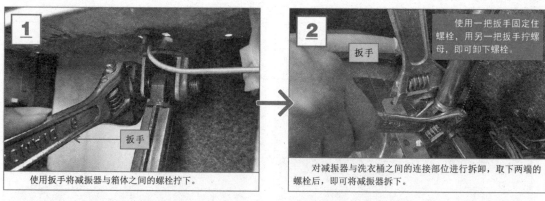

1 扳手

使用扳手将减振器与箱体之间的螺栓拧下。

2 扳手

使用一把扳手固定住螺栓，用另一把扳手拧螺母，即可卸下螺栓。

对减振器与洗衣桶之间的连接部位进行拆卸，取下两端的螺栓后，即可将减振器拆下。

【减振器内部的检查方法】

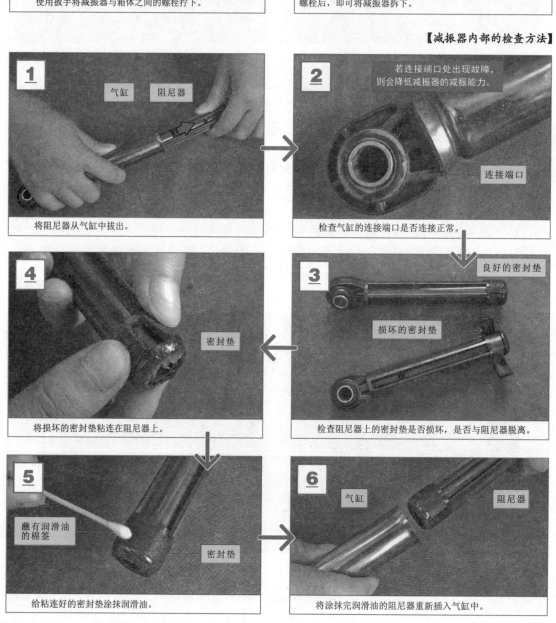

1 气缸　阻尼器

将阻尼器从气缸中拔出。

2

若连接端口处出现故障，则会降低减振器的减振能力。

连接端口

检查气缸的连接端口是否连接正常。

3 良好的密封垫

损坏的密封垫

检查阻尼器上的密封垫是否损坏，是否与阻尼器脱离。

4 密封垫

将损坏的密封垫粘连在阻尼器上。

5 蘸有润滑油的棉签

密封垫

给粘连好的密封垫涂抹润滑油。

6 气缸　阻尼器

将涂抹完润滑油的阻尼器重新插入气缸中。

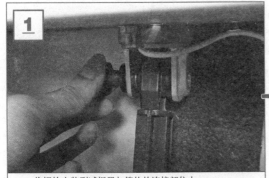

将螺栓安装到减振器与箱体的连接部位上。

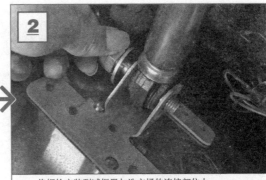

将螺栓安装到减振器与洗衣桶的连接部位上。

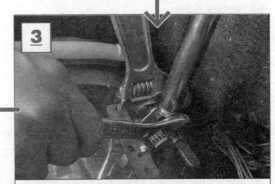

使用扳手拧紧固定螺栓及螺母，将减振器与箱体固定好，完成代换。

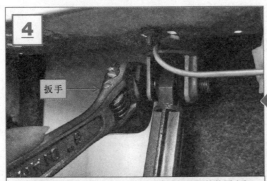

使用扳手拧紧固定螺栓及螺母，将减振器与洗衣桶固定好。

▶ 8.4.2 滚筒式洗衣机平衡装置的检修 ≫

　　滚筒式洗衣机的平衡装置通过螺栓和螺母固定在洗衣桶上。由于洗衣桶工作时会产生巨大的冲击力，因此螺栓和螺母可能会出现松动，从而影响平衡装置对洗衣桶的平衡作用。

【上平衡块的检修方法】

上平衡块

检查上平衡块上的螺栓和螺母是否松动。

若有明显松动，则用扳手将其固定好。

第9章
洗衣机门开关系统的检修

9.1 波轮式洗衣机门开关系统的结构与工作原理

门开关系统是对洗衣机保护装置的统称。当波轮式洗衣机工作时，若打开其上盖，将手伸入洗衣桶内做一些操作，高速旋转的洗衣桶可能会对操作者的手造成伤害。因此，波轮式洗衣机使用门开关系统，在操作者打开洗衣机上盖后，及时切断供电，避免伤害事故的发生。

9.1.1 波轮式洗衣机门开关系统的结构

波轮式洗衣机的门开关系统主要是指安全开关。它主要用于检测波轮式洗衣机上盖的打开与闭合，从而实现对电气系统供电电路的控制，起到安全保护作用。

【波轮式洗衣机的安全开关及其安装位置】

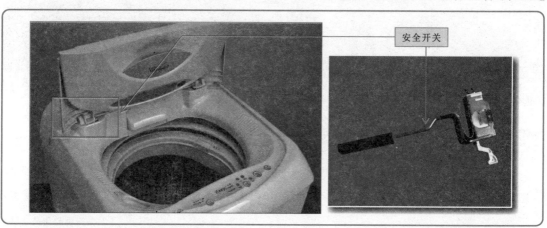

安全开关

【安全开关的结构】

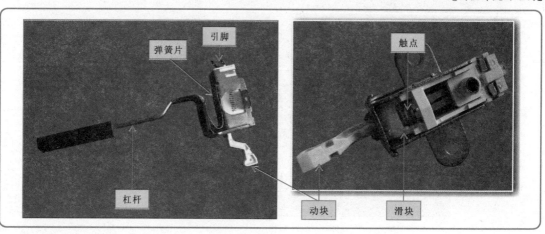

弹簧片　引脚　　触点

杠杆　　动块　　滑块

安全开关在波轮式洗衣机通电状态下，能起到安全保护作用，也可以直接控制电动机的供电电路。安全开关通常安装在波轮式洗衣机围框的后面，受控于波轮式洗衣机的上盖。当洗衣机的上盖被关闭时，安全开关的动块被向上提起，使得滑块与下触点向上移动，进而将上下两个触点闭合，电动机供电电路接通，可以开始运转；在脱水或洗涤过程中打开上盖时，动块会向下降，使得滑块与下触点向下移动，进而使上下两个触点断开，切断电动机供电电路，高速运转的洗衣桶便停止运转。

【波轮式洗衣机安全开关的工作原理】

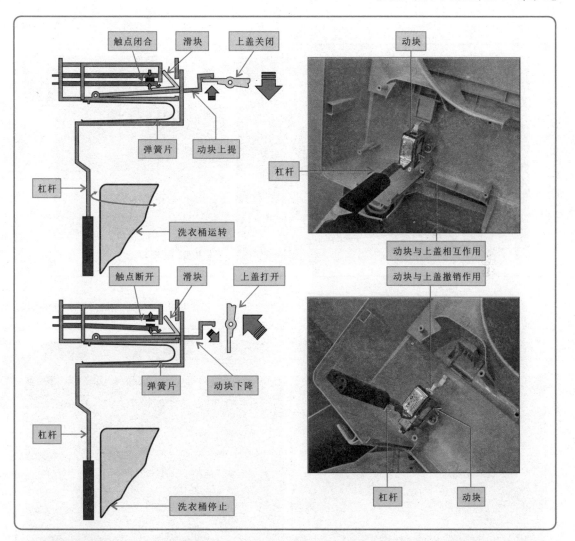

特别提醒

　　在洗衣机进行脱水工作时，若洗衣桶内的衣物放置不均匀，则会导致洗衣桶强烈振动，强烈振动的洗衣桶会撞击安全开关的杠杆，使杠杆倾斜，进而使弹簧片弯曲、滑块下降，上下两个触点就会断开，从而切断电动机供电电路，使洗衣机停止运转；在人工打开洗衣机上盖，将桶内的衣物放置均匀，再次盖好上盖后，安全开关的触点会重新闭合，使洗衣机可以继续完成脱水工作。

洗衣机的结构不同，使用的门开关系统种类也不同。滚筒式洗衣机一般采用电动门锁作为门开关系统，在洗衣机工作时，锁住洗衣机箱门，保证洗衣机正常工作。

9.2.1 滚筒式洗衣机门开关系统的结构

滚筒式洗衣机的门开关系统主要是指电动门锁部分。电动门锁在洗涤过程中会锁住洗衣机箱门，操作者不能随意打开，只有在洗涤结束后，按动门开关，箱门才会打开。

【滚筒式洗衣机的电动门锁】

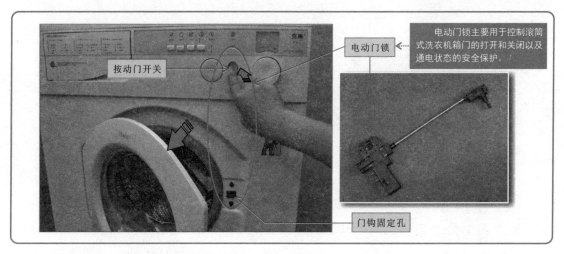

按动门开关

电动门锁

电动门锁主要用于控制滚筒式洗衣机箱门的打开和关闭以及通电状态的安全保护。

门钩固定孔

【滚筒式洗衣机电动门锁的外部结构】

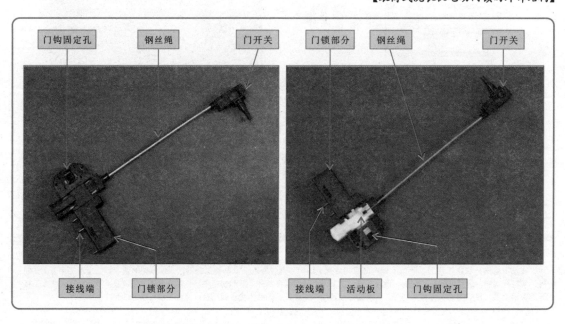

门钩固定孔　钢丝绳　门开关

门锁部分　钢丝绳　门开关

接线端　门锁部分

接线端　活动板　门钩固定孔

　　滚筒式洗衣机箱门关闭时，箱门的锁钩插入到电动门锁的门钩固定孔中，电动门锁将箱门锁住。当洗衣机处于未洗涤状态时，按压门开关，电动门锁通过机械原理使门钩固定孔中的锁钩松脱，进而将箱门打开。

　　在箱门关闭后，电动门锁内部触点闭合，接通洗衣机主要部件的供电电路，这时洗衣机才可开始工作。在洗衣机进行进水、洗涤、脱水等工作时，电动门锁内部线圈通电，通过电磁原理使铁心顶压滑块，使滑块无法移动，活动板也就无法移动，这样无论怎样按压门开关，箱门都不会打开。

【滚筒式洗衣机门开关系统的工作原理】

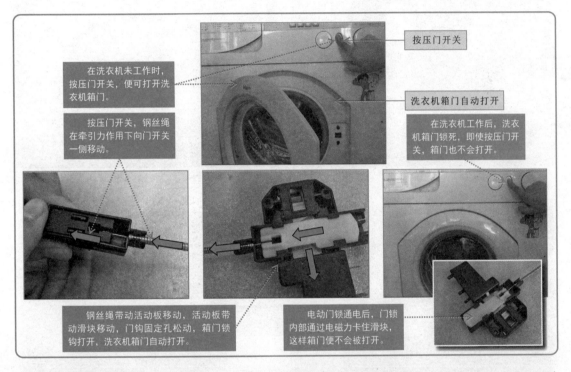

按压门开关

在洗衣机未工作时，按压门开关，便可打开洗衣机箱门。

按压门开关，钢丝绳在牵引力作用下向门开关一侧移动。

洗衣机箱门自动打开

在洗衣机工作后，洗衣机箱门锁死，即使按压门开关，箱门也不会打开。

钢丝绳带动活动板移动，活动板带动滑块移动，门钩固定孔松动，箱门锁钩打开，洗衣机箱门自动打开。

电动门锁通电后，门锁内部通过电磁力卡住滑块，这样箱门便不会被打开。

特别提醒

　　当箱门处于关闭状态时，电动门锁内部触点接通，洗衣机的主要部件通电开始工作。若箱门没有关闭，则触点便不会闭合，洗衣机便不能进入工作状态。

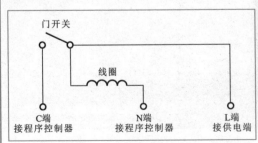

门开关

线圈

C端
接程序控制器

N端
接程序控制器

L端
接供电端

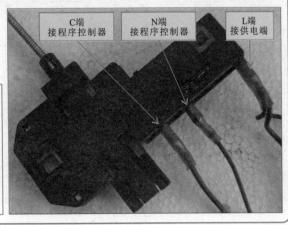

C端
接程序控制器

N端
接程序控制器

L端
接供电端

9.3 波轮式洗衣机门开关系统的检修方法

9.3.1 波轮式洗衣机门开关系统的检查

　　波轮式洗衣机安全开关的好坏，可在波轮式洗衣机上盖的不同状态下，通过检测安全开关两引脚间的电阻值来判断。

【波轮式洗衣机安全开关的检查】

将万用表的红、黑表笔分别搭在安全开关的两个引脚上。

正常情况下，万用表检测到的电阻值为0Ω。

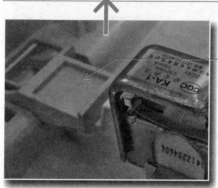

关闭上盖时，上盖触动安全开关的动块。

打开上盖时，动块恢复到初始位置。

将万用表的红、黑表笔分别搭在安全开关的两个引脚上。

正常情况下，万用表检测到的电阻值为无穷大。

当安全开关损坏且无法修复时，则需要对安全开关进行代换。首先将损坏的安全开关拆下，再将同型号的新安全开关安装到原位置上即可。

【安全开关的代换】

找到固定安全开关的固定螺钉，并使用螺钉旋具分别将固定螺钉拧下。

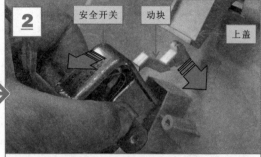

安全开关　动块　上盖

从上盖中取出安全开关的动块。

原安全开关的实物外形　新安全开关的实物外形

根据铭牌中的参数选择新的安全开关进行代换。

将安全开关上的两个连接引线拔下，即可将安全开关取下。

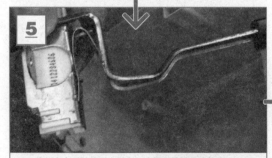

将新安全开关的两个引脚与连接引线进行连接。

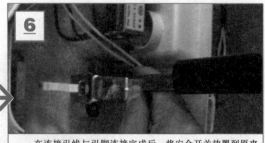

在连接引线与引脚连接完成后，将安全开关放置到原来的安装位置。

代换完成后，对洗衣机上盖进行开关操作，安全开关工作正常。

使用螺钉旋具将两个固定螺钉安装好，将安全开关固定在洗衣机的围框中。

9.4 滚筒式洗衣机门开关系统的检修方法

 ### 9.4.1 滚筒式洗衣机门开关系统的检查

在电动门锁出现故障后，滚筒式洗衣机主要表现为箱门打不开或洗衣机起动后门锁指示灯不亮等。若怀疑电动门锁损坏，则可对电动门锁的相关部件进行检查，在确定电动门锁损坏后，应对其进行更换。

1. 对钢丝绳与门开关的连接情况进行检查

滚筒式洗衣机的电动门锁固定在洗衣机围框中，对其进行拆卸并拔除连接引线。

【电动门锁的拆卸】

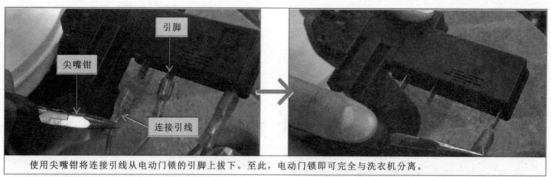

使用尖嘴钳将连接引线从电动门锁的引脚上拔下。至此，电动门锁即可完全与洗衣机分离。

取下电动门锁后，首先查看钢丝绳与门开关的连接是否正常，若连接异常，则会造成按下门开关后门打不开的故障。

【钢丝绳与门开关连接情况的检查方法】

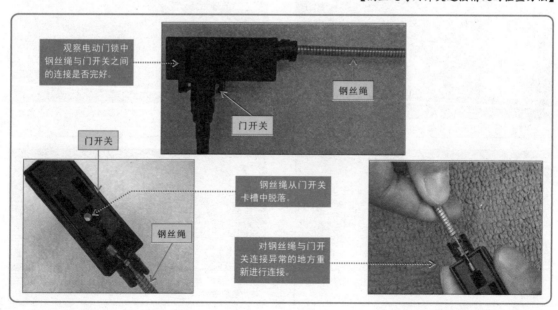

2.对钢丝绳与活动板的连接情况进行检查

在确定钢丝绳与门开关的连接完好后，接下来应对活动板与钢丝绳的连接部位进行检查。

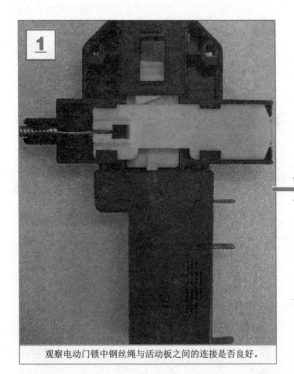

观察电动门锁中钢丝绳与活动板之间的连接是否良好。

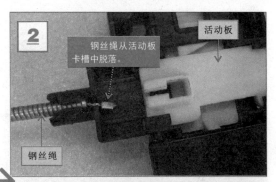

钢丝绳从活动板卡槽中脱落。

活动板

钢丝绳

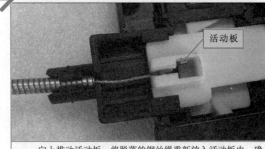

活动板

向上推动活动板，将脱落的钢丝绳重新放入活动板内，确认钢丝绳与活动板连接正常。

3.对电动门锁连接引线进行检查

在确定钢丝绳与电动门锁连接无异常后，需对电动门锁的引脚及连接引线进行检查。

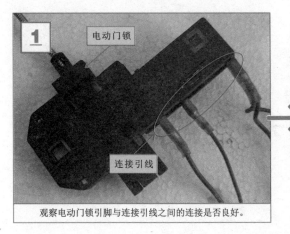

电动门锁

连接引线

观察电动门锁引脚与连接引线之间的连接是否良好。

将连接不良的引线部分重新插接至正常。

电动门锁

将连接松动的连接引线再次插紧。

若通过初步检修仍无法排除电动门锁故障，则可采用代换法来排除故障，即选配同规格的电动门锁进行代换。代换后若故障排除，则说明原电动门锁损坏；若故障依旧，则应进一步对与其相关的程序控制部分进行检查。

【电动门锁的代换方法】

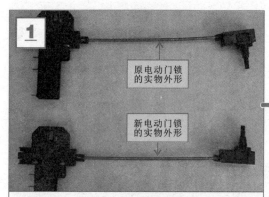

1

原电动门锁的实物外形

新电动门锁的实物外形

根据原电动门锁外壳上的相关规格选择相同类型的电动门锁。

2

将连接引线分别插接到新电动门锁的引脚上。

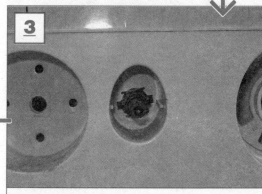

4

将门开关安装到原位置上。

3

将门开关安装到固定孔中，卡好卡扣，并确认安装牢固。

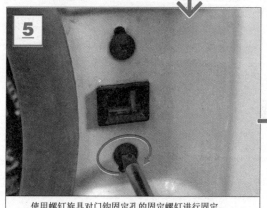

5

使用螺钉旋具对门钩固定孔的固定螺钉进行固定。

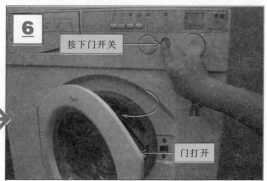

6

按下门开关

门打开

代换完成后，对电动门锁进行操作，电动门锁工作正常，代换完成。

第10章
洗衣机控制电路的检修

10.1 洗衣机控制电路的结构与工作原理

洗衣机的控制电路是洗衣机实现智能化自动控制功能的关键组成部分，也是洗衣机作为典型机电一体化家电产品的重要部件。洗衣机中的电动机、排水组件、进水电磁阀、水位开关等机电部件都通过连接线缆与控制电路关联，实现控制电路对各机电部件的控制。

10.1.1 洗衣机控制电路的结构

洗衣机的控制电路是以微处理器为核心的自动控制电路，该电路主要通过输入的人工指令来控制洗衣机的工作状态。洗衣机的控制电路板通常位于洗衣机操作控制面板下方，一般取下洗衣机的操作控制面板后即可看到。

【波轮式洗衣机的控制电路板及其安装位置】

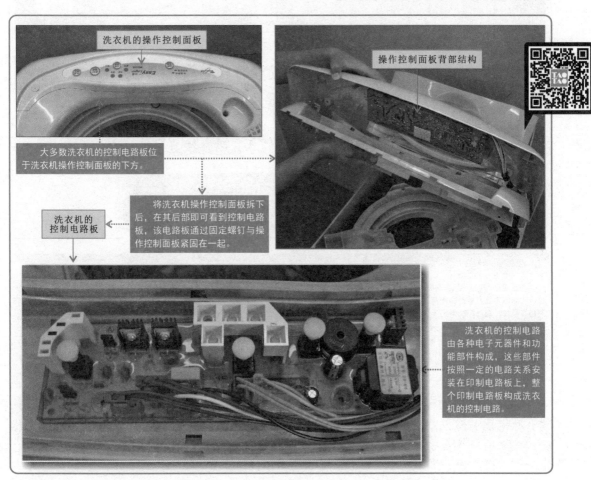

洗衣机的操作控制面板

操作控制面板背部结构

大多数洗衣机的控制电路板位于洗衣机操作控制面板的下方。

将洗衣机操作控制面板拆下后，在其后部即可看到控制电路板，该电路板通过固定螺钉与操作控制面板紧固在一起。

洗衣机的控制电路板

洗衣机的控制电路由各种电子元器件和功能部件构成，这些部件按照一定的电路关系安装在印制电路板上，整个印制电路板构成洗衣机的控制电路。

洗衣机的控制电路由各种电子元器件组合连接而成。它以控制电路板为主体，并通过控制电路板上的接口与洗衣机中各机电部件相关联，确保对各电子元器件和机电部件的供电电路及工作状态进行控制。学习洗衣机控制电路的控制原理时，首先要从控制电路的组成入手，了解控制电路中各组成元器件的特征及功能特点。

【典型洗衣机控制电路的结构】

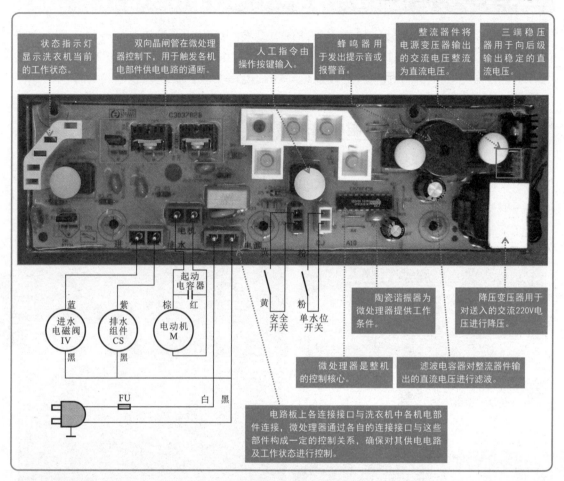

特别提醒

　　控制电路是洗衣机整机中的主体电路。微处理器、晶体管、电源变压器、整流器件、三端稳压器、双向晶闸管、蜂鸣器、操作按键、滤波电容器、状态指示灯都安装在控制电路板上。它们都是洗衣机控制电路中非常重要的电子元器件，并相互关联构成电路，工作时相互配合，通过控制电路板上提供的连接接口，向与连接接口相关联的机电部件提供工作电压和控制信号，确保洗衣机顺利地工作。

 1. 微处理器

　　微处理器是洗衣机控制电路中的核心部件，又称为CPU，内部集成有运算器、控制器、存储器和输入/输出接口电路等，主要用来对人工指令进行识别处理，并转换为相应的控制信号，实现对洗衣机整机功能的控制，同时还将洗衣机的工作状态信息传递给指示灯，进行显示。

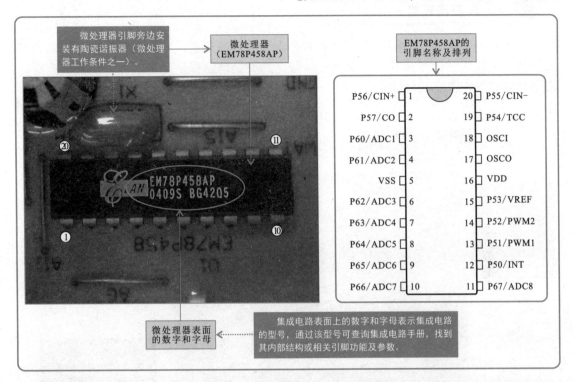

微处理器引脚旁边安装有陶瓷谐振器（微处理器工作条件之一）。

微处理器（EM78P458AP）

EM78P458AP的引脚名称及排列

P56/CIN+	1		20	P55/CIN-
P57/CO	2		19	P54/TCC
P60/ADC1	3		18	OSCI
P61/ADC2	4		17	OSCO
VSS	5		16	VDD
P62/ADC3	6		15	P53/VREF
P63/ADC4	7		14	P52/PWM2
P64/ADC5	8		13	P51/PWM1
P65/ADC6	9		12	P50/INT
P66/ADC7	10		11	P67/ADC8

微处理器表面的数字和字母

集成电路表面上的数字和字母表示集成电路的型号，通过该型号可查询集成电路手册，找到其内部结构或相关引脚功能及参数。

特别提醒

　　洗衣机控制电路中的微处理器多数为多引脚的双列直插式集成电路，且多为黑色矩形块，在控制电路板上较为明显，比较容易识别。从内部电路结构上来说，它具有运算器和控制器，而且还具有存储器、时钟振荡器和输入/输出接口电路。

　　在存储器中存有工作程序，工作时微处理器可以按照程序自动运行。从功能上来说，微处理器具有分析和判断的功能，因而具有智能功能，这是区别于其他集成电路的重要方面。在工作时，微处理器可以接收遥控信息和键控指令（人工指令），根据指令调动内部程序，然后进行自动控制，如顺次开启进水电磁阀、洗衣机电动机、排水泵等。在工作时，微处理器还不断检测来自水位开关的信息。在水位开关传来信息后，微处理器还对信息进行分析比较，输出起动或停机指令，还可以实现定时、计数以及定时开机或定时关机等控制。

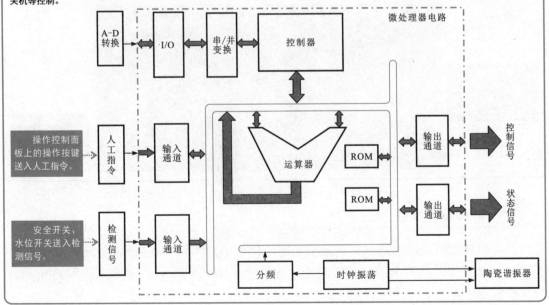

2. 陶瓷谐振器

洗衣机控制电路中的陶瓷谐振器通常位于微处理器附近，主要用来和微处理器内部的振荡电路构成时钟振荡器，产生时钟信号，为微处理器提供工作条件，使整机控制、数据处理等过程保持相对同步。

【典型洗衣机控制电路中的陶瓷谐振器】

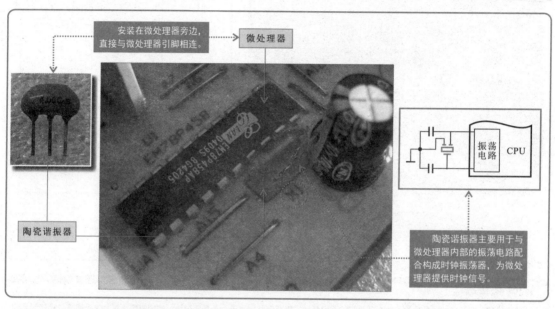

安装在微处理器旁边，直接与微处理器引脚相连。

微处理器

陶瓷谐振器

振荡电路 CPU

陶瓷谐振器主要用于与微处理器内部的振荡电路配合构成时钟振荡器，为微处理器提供时钟信号。

特别提醒

陶瓷谐振器是一种用陶瓷材料制成的谐振器，其功能及工作原理与石英晶体相同，只是制作材料不同，精度不同，晶体的精度和稳定性更好一些。

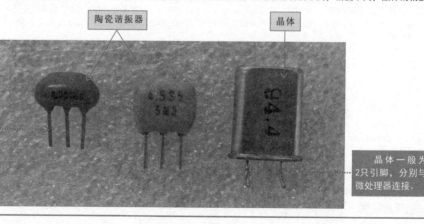

陶瓷谐振器

晶体

陶瓷谐振器一般为3只引脚，1只引脚接地，另外2只引脚与微处理器连接。

晶体一般为2只引脚，分别与微处理器连接。

 ## 3. 降压变压器

洗衣机控制电路中的降压变压器多采用块状外形，体积较其他部件大一些，且在外壳上一般贴有型号及绕组的结构等标识，用于将交流供电接口送来的交流220V电压降为交流低电压。

降压变压器

降压变压器顶部标识上标有其电路符号及相关参数。

型号:DB-8H

从标识可以看出,该降压变压器输入侧电压为交流220V,输出侧电压为交流9.6V,电流为160mA。

4. 桥式整流电路

洗衣机控制电路中的桥式整流电路主要由4只整流二极管按照一定的连接方式连接构成。其作用是将降压变压器输出的交流电压整流为直流电压,用于向控制电路中需要直流电压的元器件供电。

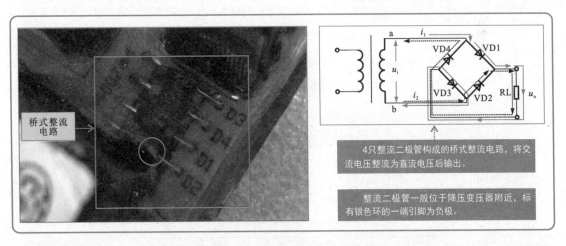

桥式整流电路

4只整流二极管构成的桥式整流电路,将交流电压整流为直流电压后输出。

整流二极管一般位于降压变压器附近,标有银色环的一端引脚为负极。

 特别提醒

桥式整流电路是由4只整流二极管连接成桥式结构的电路。在整流过程中,4只整流二极管两两轮流导通,正、负半周内都有电流流过RL。例如,当u_i为正半周时,整流二极管VD1和VD3因加正向电压而导通,VD2和VD4因加反向电压而截止,电流i_1从电源a端出发流经整流二极管VD1、负载电阻RL和整流二极管VD3,最后流入电源端,并在负载电阻RL上产生电压降u_o';反之,当u_i为负半周时,整流二极管VD2、VD4因加正向电压而导通,而整流二极管VD1和VD3因加反向电压而截止,电流i_2流经VD2、RL和VD4,并同样在RL上产生电压降u_o''。

由于i_1和i_2流过RL的电流方向是一致的,所以RL上的电压u_o为两者的和,即 $u_o = u_o' + u_o''$。桥式整流电路输出端的直流电压与输入端的电压关系为:$u_o = u_i$

5. 三端稳压器

三端稳压器是集成稳压器件，将稳压电路都集成在芯片上，外形像一只晶体管。洗衣机控制电路板上的三端稳压器一般安装在散热片上，外形与普通晶体管相似，具有三只引脚，插装在控制电路板上。

【典型洗衣机控制电路中的三端稳压器】

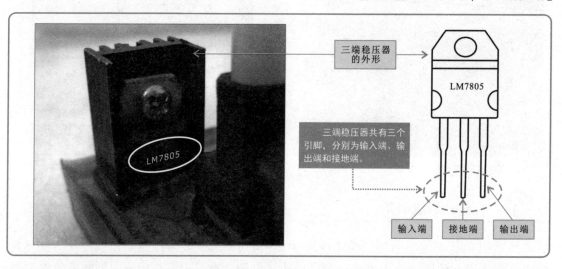

三端稳压器的外形

LM7805

三端稳压器共有三个引脚，分别为输入端、输出端和接地端。

输入端　接地端　输出端

特别提醒

在洗衣机控制电路中，常用的三端稳压器主要为7805，其功能是将输入端的直流电压稳压后输出5V直流电压。一般来说，三端稳压器7805输入端的电压可能会发生偏高或偏低变化，但都不影响输出侧的电压，只要输入侧的电压在三端稳压器承受范围内（9～14V），其输出侧均为5V。

在洗衣机控制电路中，微处理器、指示灯等元器件需要+5V直流供电电压。

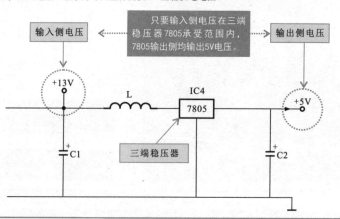

输入侧电压

只要输入侧电压在三端稳压器7805承受范围内，7805输出侧均输出5V电压。

输出侧电压

+13V

L

IC4

7805

+5V

C1

三端稳压器

C2

---

6. 双向晶闸管

双向晶闸管具有可实现交流电的无触点控制、以小电流控制大电流、动作快等优点。在洗衣机控制电路中，晶闸管通过导通和截止来控制洗衣机电动机、进水电磁阀、排水组件等部件的工作状态，应用较为广泛。

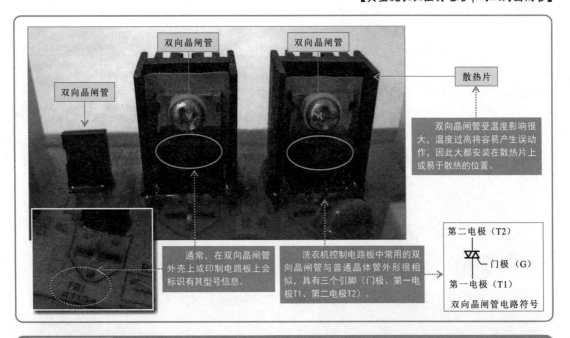

双向晶闸管

双向晶闸管

双向晶闸管

散热片

双向晶闸管受温度影响很大，温度过高将容易产生误动作，因此大都安装在散热片上或易于散热的位置。

通常，在双向晶闸管外壳上或印制电路板上会标识有其型号信息。

洗衣机控制电路板中常用的双向晶闸管与普通晶体管外形很相似，具有三个引脚（门极、第一电极T1、第二电极T2）。

第二电极（T2）

门极（G）

第一电极（T1）

双向晶闸管电路符号

特别提醒

双向晶闸管具有双向导通特性，允许两个方向有电流流过。无论双向晶闸管第一电极T1与第二电极T2间所加电压极性是正向还是反向，只要门极G和第一电极T1间加有正、负极性不同的触发电压，就可触发晶闸管导通，并且即使失去触发电压，也能继续保持导通状态。只有当第一电极T1、第二电极T2电流减小至小于维持电流，或T1、T2间的电压极性改变且没有触发电压时，双向晶闸管才会截止，此时只有重新送入触发电压才可导通。

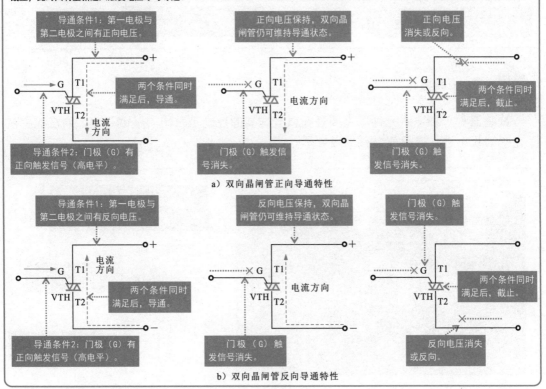

导通条件1：第一电极与第二电极之间有正向电压。

正向电压保持，双向晶闸管仍可维持导通状态。

正向电压消失或反向。

两个条件同时满足后，导通。

电流方向

两个条件同时满足后，截止。

导通条件2：门极（G）有正向触发信号（高电平）。

门极（G）触发信号消失。

门极（G）触发信号消失。

a）双向晶闸管正向导通特性

导通条件1：第一电极与第二电极之间有反向电压。

反向电压保持，双向晶闸管仍可维持导通状态。

门极（G）触发信号消失。

电流方向

两个条件同时满足后，导通。

电流方向

两个条件同时满足后，截止。

导通条件2：门极（G）有正向触发信号（高电平）。

门极（G）触发信号消失。

反向电压消失或反向。

b）双向晶闸管反向导通特性

7. 操作按键及状态指示灯

操作按键及状态指示灯是洗衣机控制电路中主要的指令输入和状态显示部件，也是实现人机交互的关键部件。其中，操作按键用来输入人工指令，送到微处理器中，对洗衣机进行控制；指示灯主要用来显示洗衣机当前的工作状态。

【典型洗衣机控制电路中的操作按键及状态指示灯】

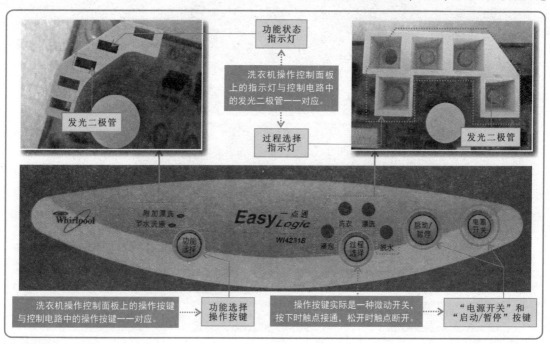

 8. 蜂鸣器

蜂鸣器是一种电声元件，主要是在微处理器的控制下发出"嘀嘀"声，对洗衣机洗涤完毕的状态进行提醒或进行故障警示。

【典型洗衣机控制电路中的蜂鸣器】

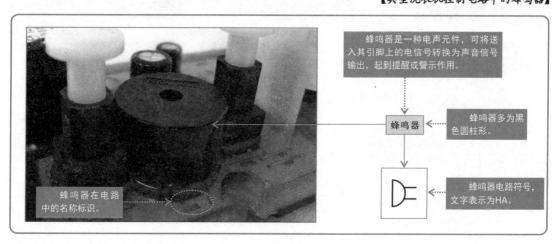

洗衣机的控制电路作为整机的控制核心，接收和输出各种控制指令。其中，输入的人工指令直接由电路板上的操作按键送到该电路中，而输出的控制信号则通过电路中的连接接口输出，因此连接接口也是控制电路中的重要组成部分。洗衣机控制电路中主要的连接接口有控制电路与进水电磁阀、排水组件、电动机、安全开关、水位开关等之间的连接接口。

【典型洗衣机控制电路中的接口】

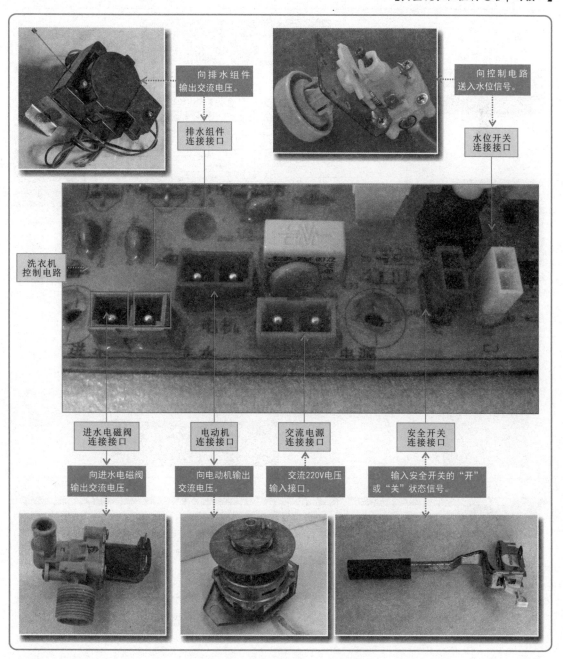

向排水组件输出交流电压。

排水组件连接接口

向控制电路送入水位信号。

水位开关连接接口

洗衣机控制电路

进水电磁阀连接接口

电动机连接接口

交流电源连接接口

安全开关连接接口

向进水电磁阀输出交流电压。

向电动机输出交流电压。

交流220V电压输入接口。

输入安全开关的"开"或"关"状态信号。

10.1.2 洗衣机控制电路的工作原理

　　洗衣机控制电路的控制关系比较明显，首先以控制电路中的微处理器为控制核心，接收人工指令后，按照内部设定程序输出控制信号，实现整机控制。学习洗衣机操作控制电路的整机控制过程时，可以从洗衣机控制电路的控制关系入手，以"供电"和"控制信号"为两条主线，建立起洗衣控制电路中各主要元器件或单元电路之间的控制关系。

【典型洗衣机控制电路的控制关系】

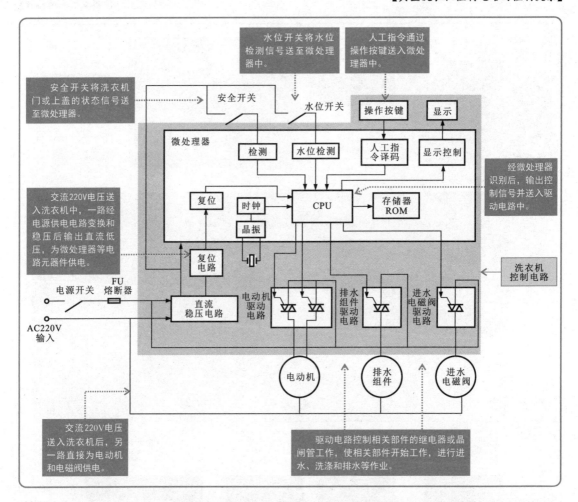

　　了解洗衣机控制电路的基本控制原理，有助于理清各元器件或电路单元之间的控制关系。

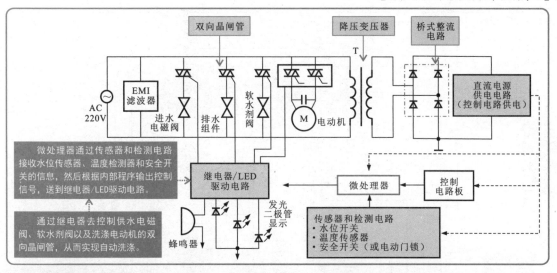

　　随着人们生活水平的提高，洗衣机越来越智能、环保，新部件、新工艺也在洗衣机电路系统中得到了应用。数字信号控制器（IEC60730）是整个洗衣机的控制核心，它除了具有普通洗衣机控制电路的功能之外，还具有为变频电动机（洗涤电动机）驱动电路提供PWM信号的功能。变频电动机的驱动电路由栅极驱动电路和三相逆变器等组成。控制器输出的信号经栅极驱动电路到达驱动逆变器。逆变器输出三相驱动信号加给变频电动机，交流220V电源经桥式整流电路和功率因数校正电路形成300～450V的直流电压，为逆变器供电。直流电源将300V的直流电压稳压成低压直流电压，为微处理器和控制电路供电。

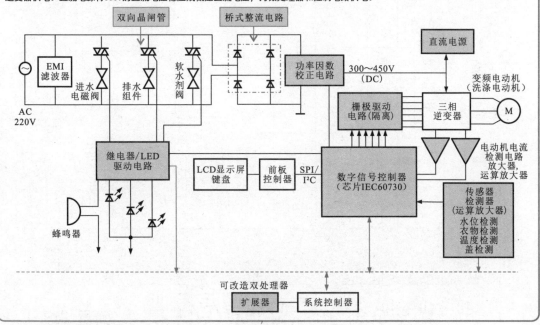

▶ 10.1.3 洗衣机控制电路实例分析 ≫≫

　　要理清洗衣机控制电路的工作过程，需从洗衣机的结构入手，根据电路的结构特征，将整个电路按功能划分成多个单元电路，然后沿信号流程，逐步理清洗衣机控制电路的工作过程。

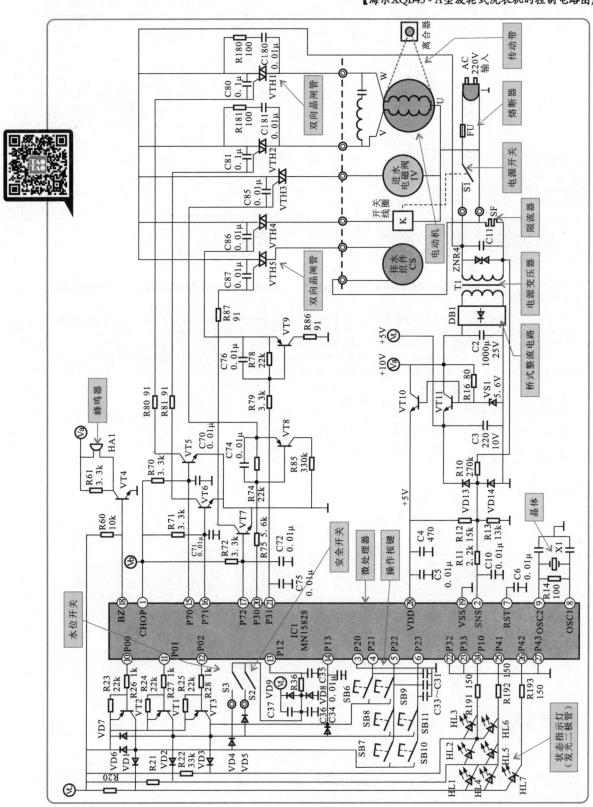

为了更好地理清控制电路的工作过程，现将整机电路划分成4个单元电路进行分析。

【海尔XQB45-A型波轮式洗衣机电源电路的分析过程】

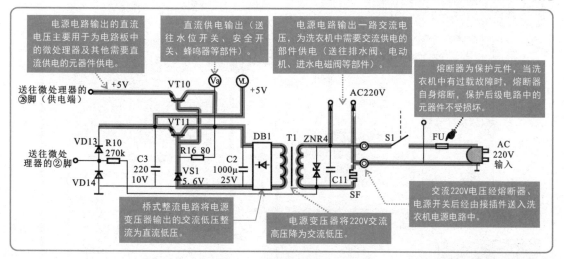

【海尔XQB45-A型波轮式洗衣机进水控制电路的分析过程】

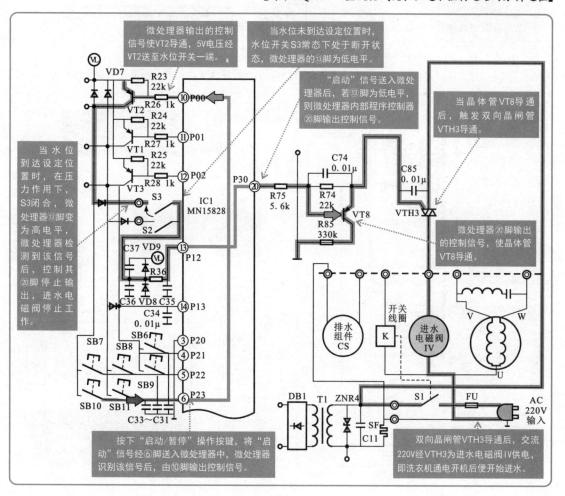

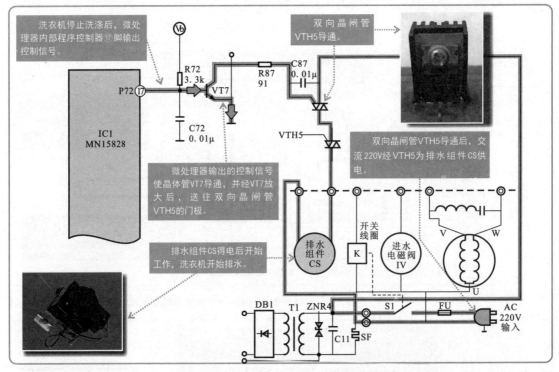

洗衣机停止洗涤后，微处理器内部程序控制器⑰脚输出控制信号。

双向晶闸管VTH5导通。

IC1 MN15828

R72 3.3k

P72⑰

VT7

C72 0.01μ

R87 91

C87 0.01μ

VTH5

Vb

微处理器输出的控制信号使晶体管VT7导通，并经VT7放大后，送往双向晶闸管VTH5的门极。

双向晶闸管VTH5导通后，交流220V经VTH5为排水组件CS供电。

排水组件CS得电后开始工作，洗衣机开始排水。

排水组件CS

开关线圈 K

进水电磁阀 IV

V W U

DB1 T1 ZNR4

C11 SF

S1

FU

AC 220V 输入

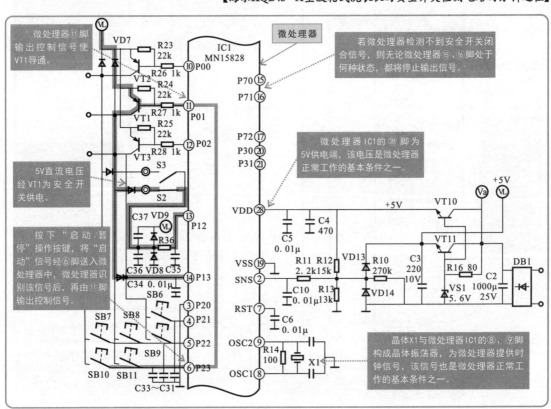

微处理器⑪脚输出控制信号使VT1导通。

VD7

R23 22k

VT2

R26 1k

R24 22k

VT1

R27 1k

R25 22k

VT3

R28 1k

微处理器

IC1 MN15828

⑩P00

⑪P01

⑫P02

P70⑮

P71⑯

P72⑰

P30⑳

P31㉑

若微处理器检测不到安全开关闭合信号，则无论微处理器⑮、⑯脚处于何种状态，都将停止输出信号。

微处理器IC1的㉘脚为5V供电端，该电压是微处理器正常工作的基本条件之一。

5V直流电压经VT1为安全开关供电。

S3

S2

按下"启动/暂停"操作按键，将"启动"信号经⑥脚送入微处理器中，微处理器识别该信号后，再由⑪脚输出控制信号。

C37 VD9

R36

⑬P12

C36 VD8 C35

C34 0.01μ

SB6

⑭P13

SB7 SB8

③P20

④P21

SB9

⑤P22

SB10 SB11

⑥P23

C33～C31

VDD㉘

VSS⑲

SNS②

RST⑦

OSC2⑨

OSC1⑧

C5 0.01μ

C4 470

R11 2.2k

R12 15k

VD13

R10 270k

VD14

C10 0.01μ

R13 13k

C6 0.01μ

R14 100

X1

+5V

VT10

VT11

R16 80

VS1 5.6V

C3 220 10V

C2 1000μ 25V

DB1

Va VL

晶体X1与微处理器IC1的⑧、⑨脚构成晶体振荡器，为微处理器提供时钟信号，该信号也是微处理器正常工作的基本条件之一。

1.洗衣机程序控制器的结构

在波轮式洗衣机中，常会见到程序控制器。该部件采用机械传动方式对洗衣机的工作过程进行控制。程序控制器的内部结构较复杂，取下程序控制器外壳后可以看到内部的主要部件，包括同步电动机、凸轮组、齿轮组、开关滑块、触片组、主轴、波动弹簧、棘爪、快跳棘轮、限制臂等。

【洗衣机中的程序控制器】

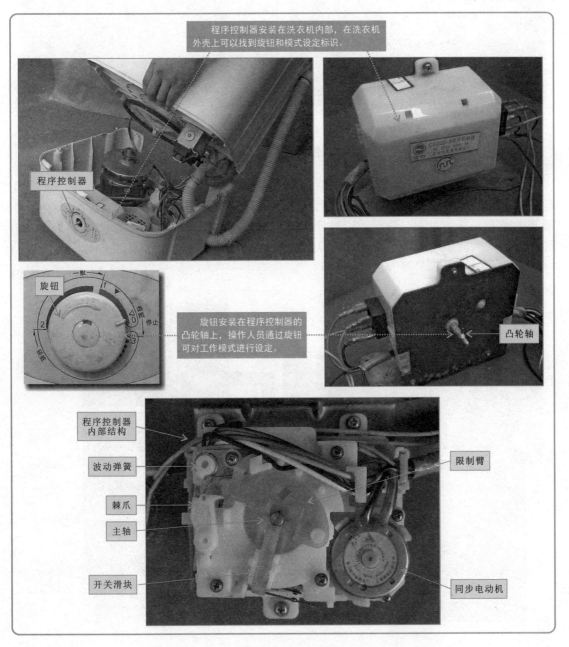

程序控制器安装在洗衣机内部，在洗衣机外壳上可以找到旋钮和模式设定标识。

程序控制器

旋钮

旋钮安装在程序控制器的凸轮轴上，操作人员通过旋钮可对工作模式进行设定。

凸轮轴

程序控制器内部结构

波动弹簧

棘爪

主轴

开关滑块

限制臂

同步电动机

特别提醒

　　滚筒式洗衣机一般采用微处理器对洗衣机的工作过程进行控制，但也有部分滚筒式洗衣机中设计有程序控制器。该部件主要由同步电动机、控制轴、接插件及控制器主体等构成。滚筒式洗衣机的程序控制器通常安装在操作控制面板洗涤方式选择旋钮的后部，通过旋钮便可选择洗涤方式。

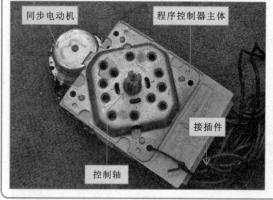
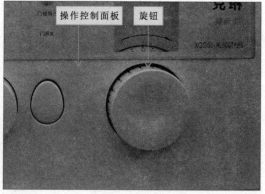

2. 洗衣机程序控制器的工作原理

　　操作人员通过旋钮设定工作模式后，程序控制器内的同步电动机通电旋转，带动齿轮组和凸轮组缓慢旋转。在凸轮旋转的过程中，凸轮组上不同半径的凸轮片控制触片上触点的通断和通断时间，进而通过触片上触点的开启和闭合，对洗衣机电动机、进水电磁阀、排水阀的供电电路进行控制，从而控制洗衣机的整机工作状态。

【程序控制器的工作原理】

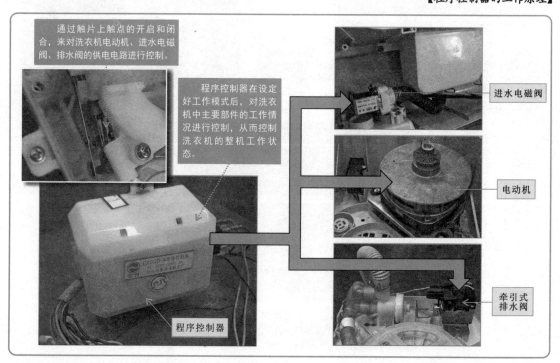

10.2 洗衣机控制电路的检修方法

若洗衣机控制电路出现故障，将直接导致洗衣机不工作，洗涤或进水、排水控制功能失常，电动机不运转等故障。对控制电路进行检修时，可依据故障现象分析产生故障的原因，并根据控制电路的信号流程对可能产生故障的部件逐一进行排查。

【控制电路的检修流程】

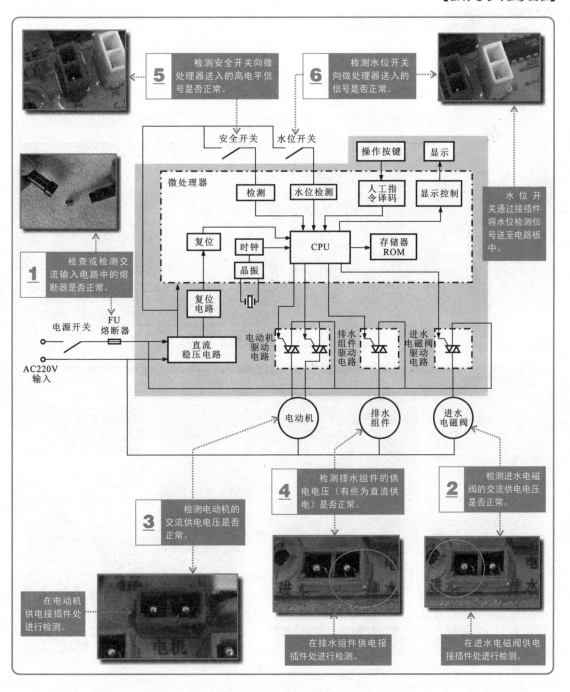

▶ 10.2.1 熔断器的检查

洗衣机控制电路出现异常时，首先应查看供电电路中的熔断器是否损坏。熔断器的检查方法有两种：一是观察法，即用眼睛直接观察，看熔断器是否有烧断、烧焦现象；二是检测法，即用万用表对熔断器进行检测，观察其电阻值，判断熔断器是否损坏。

【熔断器的检查方法】

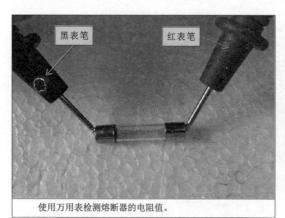

使用万用表检测熔断器的电阻值。

正常工作情况下，万用表测得的电阻值为0Ω。

引起熔断器损坏的原因很多，主要是洗衣机电路过载或元器件短路。因此，当发现熔断器损坏时，不仅要更换匹配的熔断器，而且应检查负载电路中是否存在短路或过载情况，否则开机后仍会烧坏熔断器。

熔断器损坏程度不同，其原因可能不同，通常熔断器有一处熔断时，原因多为频繁开机、关机或工作环境温度过低；熔断器断裂，内部模糊不清时，原因多为电路中的桥式整流电路被击穿或滤波电容器短路损坏；熔断器严重爆裂时，原因多为电源直接短路，需检查整个电路。

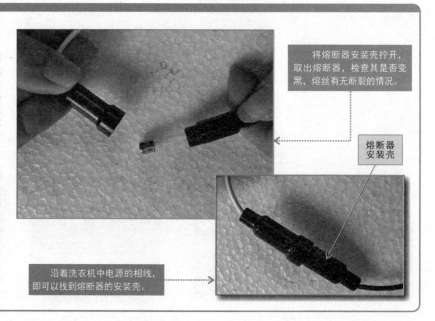

将熔断器安装壳拧开，取出熔断器，检查其是否变黑，熔丝有无断裂的情况。

熔断器安装壳

沿着洗衣机中电源的相线，即可以找到熔断器的安装壳。

当洗衣机电动机不转，无法进行洗涤时，首先应使用万用表检测电动机的交流供电电压是否正常。

【海尔XQB45 - A型波轮式洗衣机电动机交流供电电压的检测方法】

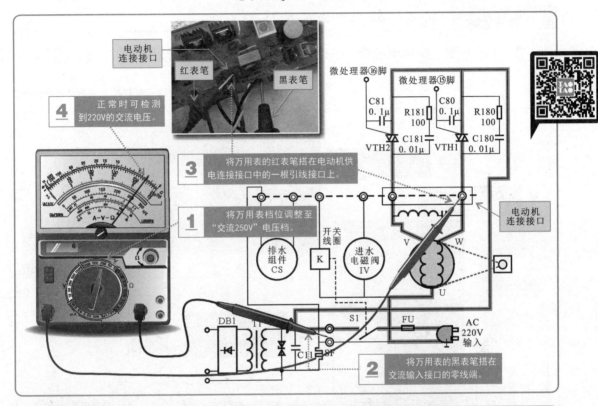

电动机连接接口

红表笔

黑表笔

微处理器⑯脚

微处理器⑮脚

C81 0.1μ　R181 100　C80 0.1μ　R180 100

VTH2　C181 0.01μ　VTH1　C180 0.01μ

4 正常时可检测到220V的交流电压。

3 将万用表的红表笔搭在电动机供电连接接口中的一根引线接口上。

电动机连接接口

1 将万用表档位调整至"交流250V"电压档。

排水组件 CS

开关线圈 K

进水电磁阀 IV

V　W　U

DB1　T1

S1　FU　AC 220V 输入

C11 8F

2 将万用表的黑表笔搭在交流输入接口的零线端。

特别提醒

洗衣机电动机的供电电压，需要在洗衣机处于洗涤或脱水状态时进行检测，因此，要求洗衣机中的安全开关、水位开关均处于闭合状态，并通过控制电路板上的操作按键，使洗衣机进入洗涤或脱水模式。

检修时，若因拆卸需要，无法自动关闭水位开关、洗衣机门或上盖，则可用导线或曲别针将安全开关接口和水位开关接口进行短接，为洗衣机进入洗涤或脱水状态创造条件。

检修时，可用导线或曲别针将安全开关接口和水位开关接口进行短接，为洗衣机进入洗涤或脱水状态创造条件。

使用曲别针将水位开关接口短接。

曲别针

安全开关连接接口

水位开关接口

使用曲别针将安全开关接口短接。

▶ 10.2.3 排水组件供电电压的检测

当洗衣机出现无法排水或排水不止等故障时，首先应检测排水组件的供电电压是否正常。

【洗衣机排水组件供电电压的检测方法】

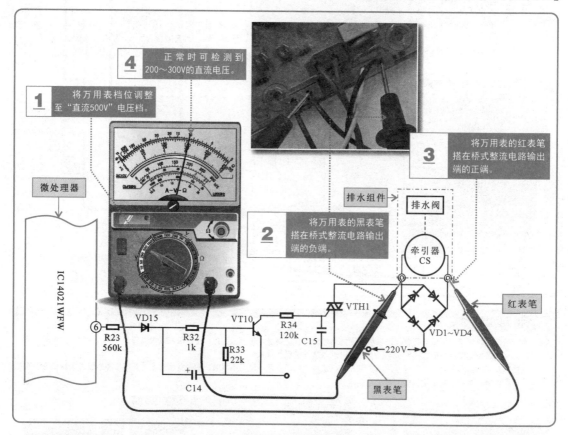

4 正常时可检测到200～300V的直流电压。

1 将万用表档位调整至"直流500V"电压档。

微处理器

IC14021WFW

3 将万用表的红表笔搭在桥式整流电路输出端的正端。

排水组件 → 排水阀

牵引器 CS

2 将万用表的黑表笔搭在桥式整流电路输出端的负端。

红表笔

⑥ R23 560k VD15 R32 1k VT10 R33 22k R34 120k C15 VTH1 VD1~VD4

C14 220V 黑表笔

▶ 10.2.4 进水电磁阀供电电压的检测

当洗衣机出现无法进水或进水不止等故障时，首先应检测进水电磁阀的供电电压是否正常。

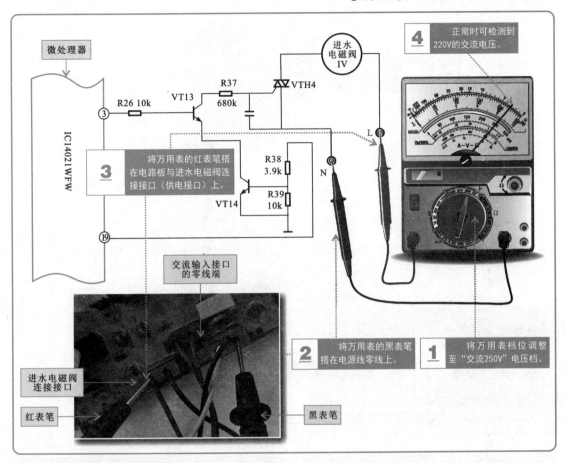

4 正常时可检测到220V的交流电压。

进水电磁阀IV

微处理器

IC14021WFW

R26 10k ③

VT13

R37 680k

VTH4

3 将万用表的红表笔搭在电路板与进水电磁阀连接接口（供电接口）上。

R38 3.9k

VT14

R39 10k

⑲

L

N

交流输入接口的零线端

进水电磁阀连接接口

红表笔

黑表笔

2 将万用表的黑表笔搭在电源线零线上。

1 将万用表档位调整至"交流250V"电压档。

特别提醒

　　若经检测交流供电电压正常，但进水电磁阀仍无法正常排水或排水异常，则多为进水电磁阀本身故障，应进行进一步检测或更换进水电磁阀；若无交流供电电压或交流供电电压异常，则多为控制电路故障，应重点检查进水电磁阀驱动电路（即双向晶闸管和控制电路的其他元器件）、微处理器等。

　　若经检测进水电磁阀本身正常，控制电路也正常，则原因多为洗衣机水位开关无法将水位信号送至微处理器中，应对水位开关部分进行检查。

　　对洗衣机进水电磁阀的供电电压进行检测时，需要使洗衣机处于进水状态，因此，要求洗衣机中的水位开关均处于初始断开状态（水位开关断开，微处理器输出高电平信号，进水电磁阀得电工作，开始进水；水位开关闭合，微处理器输出低电平信号，进水电磁阀失电，停止进水），并按动洗衣机控制电路上的"启动"按键，为洗衣机进水创造条件。

　　另外值得注意的是，如果检修的洗衣机为波轮式洗衣机，则安全开关的状态大多不影响进水状态，即安全开关开或关时，洗衣机均可进水；如果检修的洗衣机为滚筒式洗衣机，则要使洗衣机处于进水状态，除满足水位开关状态正确，输入"启动"指令外，还必须将安全开关（电动门锁）关闭，否则洗衣机无法进入进水状态。

▶ 10.2.5 微处理器工作状态的检查 ▶▶

　　当洗衣机进水异常，但进水电磁阀本身及控制电路部分均正常时，应重点检查水位开关能否将检测到的水位信号送入微处理器。

　　在常态下水位开关触点处于断开状态，向微处理器检测引脚送入低电平；在到达设定水位后，水位开关触点闭合，向微处理器检测引脚送入高电平。

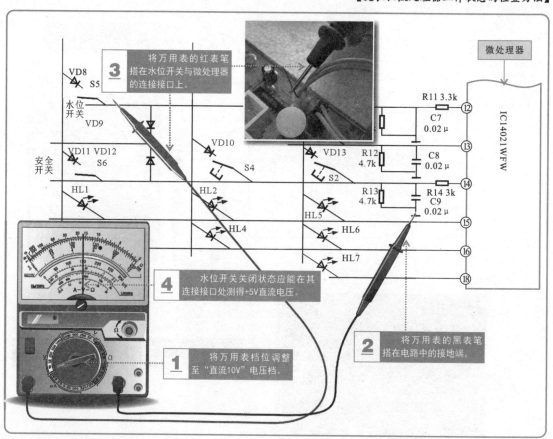

3 将万用表的红表笔搭在水位开关与微处理器的连接接口上。

4 水位开关关闭状态应能在其连接接口处测得+5V直流电压。

1 将万用表档位调整至"直流10V"电压档。

2 将万用表的黑表笔搭在电路中的接地端。

 特别提醒

　　使用万用表测量控制电路板各连接接口电压时，若用于与接口插接的接插件引线处过于细小，万用表无法触及接插件中的引线，则可将大头针插入接插件中，然后用万用表搭在大头针上测量即可。

接插件引线处过于细小，万用表表笔无法接触到引线金属部分。

万用表红表笔

将一根大头针插入接插件引线处，将万用表表笔搭在大头针上进行测量。

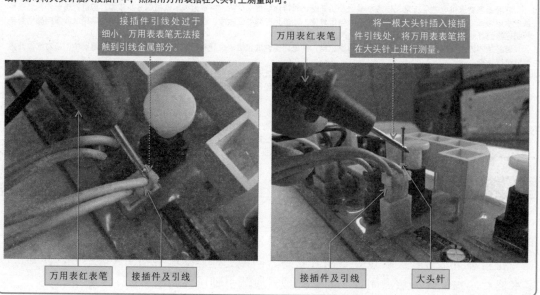

万用表红表笔　　接插件及引线

接插件及引线　　大头针

对程序控制器进行检查时，应先将程序控制器从洗衣机上拆下，同时检查其连接引线、接线端是否良好，然后再对程序控制器内部的部件进行检查。

1. 程序控制器的拆卸

当怀疑程序控制器损坏时，为方便检查，应对程序控制器进行拆卸。拆卸时，先将程序控制器与洗衣机分离，再对其外壳进行拆卸。

【程序控制器的拆卸方法】

使用螺钉旋具将程序控制器上的固定螺钉逐一拧下。

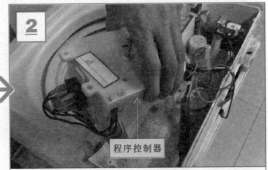

拧下固定螺钉后，就可以将程序控制器从洗衣机中取出。

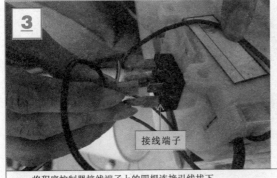

将程序控制器接线端子上的四根连接引线拔下。

使用一字槽螺钉旋具撬开程序控制器外壳两端的卡扣。

撬开两端的卡扣后，便可将程序控制器的外壳拆开，对内部部件进行检查。

2. 程序控制器内部部件的检查

拆开程序控制器的外壳后，对程序控制器内部的各组成部件进行检查，其中对开关滑块、齿轮组和凸轮组、触片组等的检查是重点。

【开关滑块的检查方法】

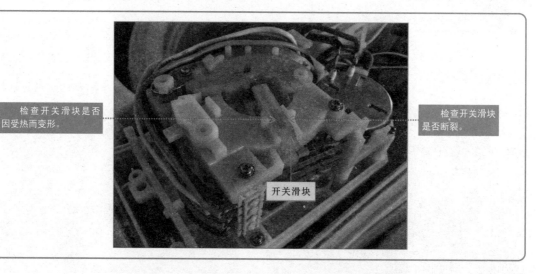

检查开关滑块是否因受热而变形。

检查开关滑块是否断裂。

开关滑块

【齿轮组和凸轮组的检查方法】

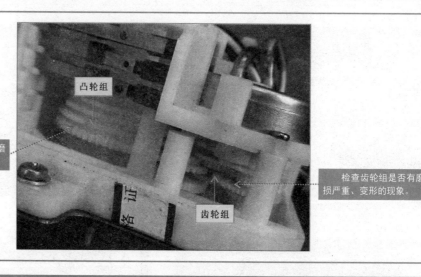

凸轮组

检查凸轮组是否有磨损严重、变形的现象。

检查齿轮组是否有磨损严重、变形的现象。

齿轮组

特别提醒

　　对齿轮组和凸轮组进行检查时，应重点检查凸轮组和齿轮组是否有磨损严重、变形等现象。若凸轮组损坏较严重，则需要使用相同大小的凸轮组进行代换；若齿轮组损坏较严重，则需要使用相同大小的齿轮组进行代换。

　　若齿轮组等正常，则需要对触片组进行检查。转动旋钮，使洗衣机的程序控制器处于不同的工作状态，此时，触片组的位置会发生变化，即触片触点接通和断开。若旋转旋钮时触片组无任何变化，则表明触片组中的触片损坏，应查找出损坏的触片并对其进行更换。

检查触片组是否有扭曲、变形现象，触片弹性是否良好。若有问题，则应对触片组进行修复，使触点接触后具有一定的接触力。

触片组

触点

检查触片组中的触点表面是否有烧蚀、粘结现象。若烧蚀严重，则应先用无水酒精清洗，再用细砂纸磨光；若有粘结现象，则应小心地将触点分开，再修磨触点。

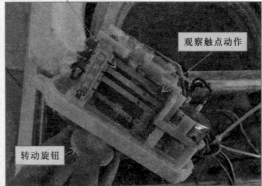

观察触点动作

转动旋钮

转动旋钮，使洗衣机的程序控制器处于不同的工作状态，此时，触片组的触点会接通或断开。若转动旋钮时触片组全部或部分无任何变化，则说明程序控制器损坏，需对其进行更换。

3.程序控制器性能的检测

如果没有发现明显的故障部位，就需要使用万用表对程序控制器内部的触片组和同步电动机的性能进行检测。

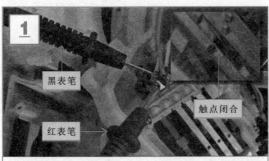

黑表笔

红表笔

触点闭合

将万用表档位调整至"R×10"电阻档，红、黑表笔分别搭在一组触片的引线端上。

正常情况下，程序控制器的触点处于闭合状态，测得的电阻值应为0Ω。若电阻值不正常，则说明程序控制器已损坏。

触点断开

保持红、黑表笔位置不动，使触点断开。

正常情况下，程序控制器的触点处于断开状态，测得的电阻值应为无穷大。若电阻值不正常，则说明程序控制器已损坏。

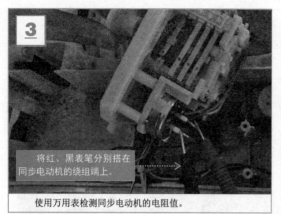

将红、黑表笔分别搭在同步电动机的绕组端上。

使用万用表检测同步电动机的电阻值。

万用表档位旋钮置于"R×10"电阻档

正常情况下，测得的电阻值应为48Ω左右。

特别提醒

若无法检测出电阻值，则需要先转动旋钮，再进行检测。正常情况下，将旋钮转到某一位置时，应可检测到一定的电阻值，若一直无法检测到电阻值，则说明同步电动机已损坏。

4. 程序控制器的代换

由于程序控制器的触片多注塑固定在塑料件中，不能拆卸代换，因此当触点损坏、凸轮断裂、塑料支架变形难以维修时，只能对程序控制器整体进行代换。

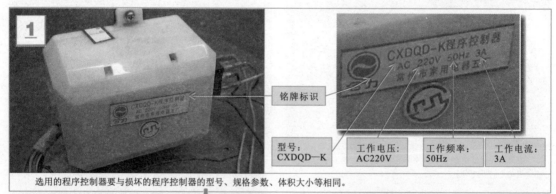

铭牌标识

型号：
CXDQD—K

工作电压：
AC220V

工作频率：
50Hz

工作电流：
3A

选用的程序控制器要与损坏的程序控制器的型号、规格参数、体积大小等相同。

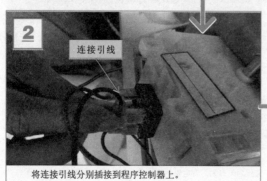

连接引线

将连接引线分别插接到程序控制器上。

程序控制器

将新程序控制器放到安装位置上，使用固定螺钉固定好，完成程序控制器的代换。